KURIOSE PFLANZEN

MICHAEL PERRY
AKA **MR. PLANT GEEK**

KURIOSE PFLANZEN

VON HOT LIPS ÜBER WASSERFALLE BIS SPRITZGURKE

DK

INHALT

WILLKOMMEN IN DER WUNDER-SAMEN WELT DER PFLANZEN

Pflanzen überraschen und faszinieren mich ständig aufs Neue. So geht es mir schon seit meinen Kindertagen, als ich das erste Mal einen Bohnensamen auf ein Papiertuch in ein Glas gelegt und dieses auf die Fensterbank in Mrs. Gardens Klassenzimmer gestellt habe. Ja, meine Grundschullehrerin hieß tatsächlich Mrs. Garden!

Meinen allerersten Steckling nahm ich von einer *Tradescantia* mit silbrigen Streifen. Ich habe ihn eingetopft und mit nach Hause genommen. Als ich damit in unsere Wohnung marschierte, strahlte ich vor Stolz. Ein paar Tage später beschloss ich, die Zimmerpflanze in meinen Garten umzusetzen. Das war mein erster Fehler als Gärtner. Den zweiten habe ich gemacht, als ich ein Loch für sie graben wollte und versehentlich auf das arme Ding getreten bin. Ich habe tagelang geweint.

Zum Glück habe ich mich davon nicht entmutigen lassen. Als kleiner Junge verbrachte ich viele glückliche Wochenenden bei meinen Großeltern, während sie ihren großen Garten pflegten und Dahlien herausputzten, um sie auf Ausstellungen zu zeigen. Dort eignete ich mir auch meine gärtnerischen Fähigkeiten an. Vor allem aber erfuhr ich dabei eine ganze Menge über Pflanzen. Wir kultivierten die Mimose (*Mimosa pudica*), über die ich mit offenem Mund staunte, weil sie ihre Blätter zusammenfaltete, als ich sie berührte. Viel Zeit verbrachten wir auch damit, die Blüten der Gelenkblume (*Physostegia virginiana*) zu arrangieren. Ich genoss es als damals Achtjähriger, mit den gelenkigsten Blüten der Natur zu spielen.

Selbst als schüchterner Teenie war ich weiter viel bei Oma und Opa. Die Wochenenden verbrachte ich lieber mit Eintopfen und Schneiden als mit Videospielen oder bei Fußball- und Rugbyspielen. Ich war nicht der coole Typ und trug nicht die richtigen Jacken oder Schuhe, sondern zog es vor, unauffällig zu bleiben und mich mit Botanik zu befassen. Dann gingen einige Jahre ins Land und plötzlich waren Pflanzen mega-in. Ich kann das noch immer nicht so recht glauben, obwohl es mich natürlich riesig freut.

Als ich 18 war und schon eine Ausbildung zum Gärtner in der Tasche hatte, begann ich für einen Gartenversand zu arbeiten. Ich kletterte dank meiner Liebe zu Pflanzen und einem Talent, neue Gewächse zu entdecken, zügig die Karriereleiter nach oben. So habe ich die TomTato® wieder ins Rampenlicht gerückt, die in Deutschland »Tomtoffel« (Tomate + Kartoffel) heißt. Als Nächstes war die Egg-and-Chips®-Pflanze an der Reihe (S. 114), die »Aubertoffel« mit Auber-

ginen und Kartoffeln an einer Pflanze. Meine Aufgabe war nicht nur, den Menschen zu zeigen, dass die Beschäftigung mit Pflanzen viel Spaß macht, sondern auch, Hobbygärtner zu beraten. Abgesehen davon faszinierten mich Pflanzen einfach. Was sie alles können, ohne mobil zu sein, ist außergewöhnlich. Tiere können sich vor Fressfeinden verstecken, aber Pflanzen ist dieser Luxus nicht (immer) vergönnt.

Mein Interesse an Pflanzen war grenzenlos. Deshalb habe ich vor vielen Jahren meinen Mut zusammengenommen und begonnen, die *Weird and Wacky Plant Show* zu präsentieren, zu Deutsch etwa die »verrückte und verquere Welt der Pflanzen«. Dort staunte das Publikum über die Seychellenpalme (S. 130), schmunzelte über *Clitoria ternatea* (S. 164) und ließ seine Geschmacksknospen von der Wunderbeere (S. 126) täuschen. Von Kanada bis Japan hab ich selbst bei den pflanzenblindesten Botanikverächtern das Interesse an der Flora geweckt.

In diesem Buch lernen Sie viele Pflanzen mit einzigartigen Talenten kennen. Im Kapitel **Schurkenpflanzen** erfahren Sie etwas über Insektenfänger, die unter Wasser operieren, brennbare Gewächse und solche, die arglosen Insekten Pollen aufladen.

In **Doppelgänger** begegnen Sie Gewächsen, die Flugenten, Pinguinen oder Zombiehänden, die aus dem Waldboden ragen, ähneln. Etliche wurden zu Schauspielern, aber aus anderen Gründen, als Sie vielleicht denken. Wegen ihrer begrenzten Mittel müssen Pflanzen sich viel einfallen lassen, um Bestäuber anzulocken. Es ist, als würden sie rufen: »Hey du, hier bin ich, hol mich.«

In **Erfolgstypen** beleuchten wir die Karriere der wirtschaftlich erfolgreichsten Pflanzen. Sie lassen sich auf vielfältigste Weise nutzen, ob als Werkstoff oder Nahrung, für die Herstellung von Latex oder Schmierstoffen, für Kleider oder Hautpflege.

In diesem Buch lernen Sie viele Pflanzen mit einzigartigen Talenten kennen. Im Kapitel **Superhelden** feiern wir die größten, kleinsten und glücklichsten Pflanzen – ja, sogar die besten Tänzerinnen unter ihnen. Wir erklären, wie und warum sie wurden, was sie sind. Natürlich geht es auch um Sex: In **Nicht jugendfrei** müssen Sie Ihre Hemmungen ablegen, denn mit Spritzgurken wird's schmutzig. Doch in diesem Buch geht es auch seriös zu.

Sie merken schon, ich habe nur ein Hobby: Pflanzen. Ja, so eindimensional bin ich. Ich gehe gern spazieren, esse gern und reise gern, aber meine Partnerin weiß, dass ich jedes Urlaubsziel mit botanischen Hintergedanken auswähle. Dabei inspirieren mich vor allem

Gewächse, denen ich unterwegs begegne und die ich verspeisen kann. Denn mit ihren komplexen Wechselbeziehungen und ausgefeilten Täuschungs- und Überlebensstrategien haben sie ihr Leben im Griff.

Ich hatte das Glück, schon viele Arten kennenzulernen, aber etliche bleiben mir ein Mysterium. In gewisser Weise ist dieses Buch eine Liste von Pflanzen, mit denen ich noch Zeit verbringen möchte, bevor ich meinem Schöpfer gegenübertrete. Sie können sie mit mir genießen, denn nicht wenige lassen sich im eigenen Garten anbauen und von Nahem bestaunen. Damit sichern Sie sich einen Logenplatz im großen Pflanzenzirkus.

Während ich diese Zeilen schreibe, sitze ich in einem Zimmer, das eine merkwürdige Mischung aus Büro und Gewächshaus ist. Von der Vorhangstange baumeln Hängepflanzen und der Schreibtisch steht voll mit Sukkulententöpfchen. Dennoch sollten Sie wissen, dass ich kein Botaniker bin. Dieses Buch war äußerst lehrreich für mich. Zutiefst dankbar bin ich deshalb den vielen mit mir befreundeten Botanikern, die mir über mehrere Zeitzonen hinweg geholfen haben, wissenschaftlichen Jargon in etwas zu übersetzen, was für mich und Sie leicht verdaulich ist. Ohne ihre Hilfe wäre dieses Buch, das fundierte Informationen enthält und zugleich Lesespaß sein soll, nicht möglich gewesen. Hoffentlich sind meine bildhaften Vergleiche verständlich und bringen Sie auch zum Lachen, ob es sich um den »Tanzboden« der Gemeinen Stinkmorchel (S. 176) oder die »Fliegende-Enten-Orchidee« (S. 54) handelt.

Mein achtjähriges Ich käme wohl aus dem Staunen nicht mehr heraus, wenn es sehen würde, wie sehr wir Pflanzen heute schätzen. Es ist unsere Pflicht, sie um jeden Preis zu schützen. Die Vielfalt unseres Planeten ist der Schlüssel zu unserem Überleben. Die gute Nachricht: Sie können zu Hause bei sich Ihren Beitrag leisten, indem Sie Ihr Leben mit Farbe und Ihren Garten mit bestäuberfreundlichen Blüten füllen. Dann können Pflanzen die lebenswichtige Beziehung zu den Lebewesen, die sie besuchen, auf ihnen leben und sich von ihnen ernähren, fortsetzen. Denn ohne Pflanzen sind wir nichts.

SCHURKEN-
PFLANZEN

01

Blättern Sie ruhig um, wenn Sie sich trauen. Hier folgen einige der gefährlichsten Gewächse unseres Planeten. Sie haben es auf winzige Insekten, neugierige Säugetiere und sogar ausgewachsene Vertreter der Gattung Mensch abgesehen. So hinterhältig ihr Verhalten aber mitunter erscheinen mag, es kann durchaus sein, dass sie in dieser ach so bösen Welt gar nicht anders können. Was ich auch überhaupt nicht schlimm finde!

TRIVIALNAME

Wasserfalle

WIE GROSS WIRD SIE?
Etwa 40 cm lang.

WO IST SIE ZU HAUSE?
Kleine Populationen gibt es an 50 Orten in Europa, Afrika, Asien und Australien.

WAS IST IHR LEBENSRAUM?
Ruhige, seichte Gewässer.

WIE VERMEHRT SIE SICH?
Sie blüht unzuverlässig und wird daher nur selten bestäubt, vermehrt sich aber durch Seitentriebe: Brechen sie ab, bilden sie neue Kolonien.

KANN ICH SIE ZU HAUSE KULTIVIEREN?
Ja, im Sommer in einem Teich.

Sie dachten, dass nur Insekten an Land Gefahr laufen, in die Fänge fleischfressender Pflanzen zu geraten? Weit gefehlt – selbst das Wasser ist kein sicherer Hort, vor allem nicht, wenn darin diese Fleischfresserin lauert. Sie fängt und verdaut kleine aquatische Wirbellose wie Mückenlarven und Wasserflöhe. Ihre Fallen ähneln denen ihrer Kollegin, der Venusfliegenfalle (S. 36).

Die Fangapparate der Wasserfalle sind nur einen Zentimeter groß und stehen zu fünft bis siebt in einer Art Speichenrad an einem Stängel, der etwa 40 cm lang

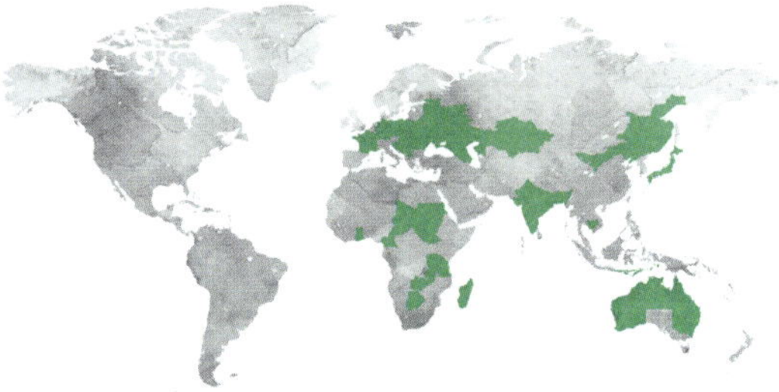

DIE SCHNELLSTE FALLE DER WASSERWELT

Aldrovanda vesiculosa

BOTANISCHER NAME

Die Falle schnappt in 10–20 Millisekunden zu, damit bewegt sich *Aldrovanda vesiculosa* am schnellsten von allen Pflanzen.

werden kann. Eine Barriere aus Borsten verhindert, dass Unrat in die Fallen gelangt (lebendes Fleisch ist ihr wesentlich lieber). Kommt ihr ein argloses Tierchen zu nahe, schlagen Fühlhaare Alarm und sorgen dafür, dass sich die Klappen binnen 10 bis 20 Millisekunden schließen. Damit ist *Aldrovanda vesiculosa* die Blitzstarterin im Reich der Flora. Jede Falle ist mit bis zu 40 dieser Haare ausgestattet, sodass sie selbst unberechenbarste Schwimmer schnappt. Hat sie das Opfer erst einmal gepackt, verdaut sie es gierig mithilfe von Enzymen, was allerdings ein paar Tage dauern kann.

Blütentriebe schieben den Flor über die Wasseroberfläche, damit er bestäubt werden kann.

Der Kälte entkommen

Die Wasserfalle wächst vollständig unter Wasser und bildet keine Wurzeln, kann sich also nirgends festhalten. Ihre Stängel sind hohl, damit sie schwimmen. Wird es kühler, hat die Pflanze eine spezielle Strategie, um Frost zu überleben.

Wenn die empfindlichen Triebe absterben und sich zersetzen, bildet die Sprossspitze kürzere, nicht fleischfressende Blätter, die sich zu festen Knospen, den Turionen, zusammenballen. Die enthalten reichlich Stärke und Zucker, werden schwer und lösen sich vom faulenden Trieb. Zudem setzen sie Gase und Luft frei, damit sie auf den Grund sinken, wo es wärmer ist und sie überwintern können.

Wenn die Wassertemperaturen über 12 °C steigen, reduziert sich die Dichte der Turionen, sodass sie an die Oberfläche steigen, wieder zu wachsen beginnen und neue Wirtel aus hungrigen Fallen bilden – ganz zum Leidwesen der Wasserfauna.

KURIOS

Die Wasserfalle ist die einzige noch existierende Art der Gattung *Aldrovanda*, die wiederum zur Familie der Sonnentaugewächse gehört.

Die Fallen stehen in Wirteln am Stängel. Dieser Besonderheit verdankt die Pflanze ihren englischen Namen *waterwheel*, »Wasserrad«.

TRIVIALNAMEN

Gympie-Gympie, Australische Brennnessel

DIE SCHMERZ-HAFTESTE

WIE GROSS WIRD SIE?
3–10 m hoch und etwa 3 m breit.

WO IST SIE ZU HAUSE?
In Australien von Cape York bis Neusüdwales, außerdem in Malaysia.

WAS IST IHR LEBENSRAUM?
Regenwälder, dort vor allem an Wasserläufen und in Lichtungen.

WIE WIRD SIE BESTÄUBT?
Vermutlich von Bienen.

KANN ICH SIE ZU HAUSE KULTIVIEREN?
Nein. Das würden Sie auch gar nicht wollen.

Sie planen eine Reise nach Australien? Aber haben Angst vor Spinnen? Und Schlangen? Es gibt Schlimmeres. Zum Beispiel Pflanzen, die richtig wehtun. Oder Sie sogar umbringen können. Die Gympie-Gympie ist von Kopf bis Fuß mit Trichomen (Pflanzenhaaren) bedeckt, die ein Nervengift enthalten. In ganz Australien gibt es vermutlich kein bösartigeres Gewächs. Der Name stammt aus der Sprache der Gubbi Gubbi, eines indigenen Volks in South East Queensland, und bedeutet »stechender Baum«. Die Brennhaare verursachen einen Schmerz, der monatelang anhalten kann.

Dendrocnide moroides

BOTANISCHER NAME

Die leuchtenden Früchte ähneln Maulbeeren und sind essbar, aber nie so recht beliebt geworden. Ich kann mir gar nicht erklären, warum.

Selbst abgestorbenes Laub und jahrzehntealte getrocknete Proben können noch wehtun. Die Bäume werfen ihre Haare sogar ab. Diese schweben dann in der Luft und warten darauf, eingeatmet zu werden.

Die Brennhaare sind spitz, hohl und voller Gift. Berührt ein Haar die Haut, bricht die Spitze ab und injiziert eine tückische Substanz. Die Haut rötet sich und schwillt an, das Atmen fällt schwer. Der grässliche Schmerz wird in den ersten Stunden immer schlimmer und hält manchmal Tage, ja, Monate an. An Schlaf ist nicht mehr zu denken. Ein Opfer berichtete: »Es ist, als würde man von 30 Wespen gestochen.« Ein anderes behauptete: »Man kann diesen Schmerz nicht beschreiben – er ist zehnmal schlimmer als die schlimmste Qual.« Und jetzt die schlechte Nachricht: Es gibt noch immer kein Gegenmittel.

Entfernen lassen sich die Brennhaare beim ersten Hautkontakt manchmal mit Klebebändern – der Rettungsdienst von Queensland empfiehlt Enthaarungsstreifen. Denn bleiben sie auf der Haut, schicken sie bei jedem Reiben oder Kratzen mehr Gift in den Körper. Das kann bis zu sechs Monate lang so weitergehen.

Essbare, maulbeerartige Früchte

Die Früchte ähneln denen von Maulbeeren und tatsächlich sind beide Pflanzen entfernt miteinander verwandt, gehören sie doch zu den Rosengewächsen. *Dendrocnide* setzt sich aus dem griechischen Wort für »Baum« und »Nessel« zusammen, während *moroides* »maulbeerähnlich« bedeutet.

Aber wer wollte es wagen, so etwas in den Mund zu stecken? Der Baum betreibt einen enormen Aufwand, um Fressfeinde abzuschrecken: Die Brennhaare finden sich auf Früchten, Trieben, Blattstielen und Blättern. Dennoch gibt es mutige Vögel, die sich die Beeren schnappen und die Samen über ihre Ausscheidungen verbreiten. Von den Blättern wiederum ernähren sich viele Insekten. Zudem ist die Gympie-Gympie eine Wirtspflanze der Weißen Baumnymphe, eines Schmetterlings. Auch einige Säugetiere scheinen sie fressen zu können.

Zum Leidwesen von uns Menschen sind Gympie-Gympies recht robust und Erstbesiedler von Regenwaldlichtungen. Sobald sie etwa 3 m hoch sind, tragen sie Früchte – die Gefahr ist damit zum Greifen nah. Oft aber wachsen sie auch als niedrige Sträucher, die man aus naheliegenden Gründen »Knöchelbeißer« nennt. Arglose Touristen streifen sie mitunter und setzen ihre Reise mit einer Ladung giftiger Haare auf Hosen, Rucksäcken und Schlimmerem fort.

Doch das soll Sie nicht vom Urlaub in Australien abhalten. Falls es Sie beruhigt: Der Kontakt mit *Dendrocnide* hat bislang nur ein Menschenleben gefordert – 1922 in Neuguinea.

Der Schmerz wird in den ersten Stunden immer schlimmer und hält manchmal tagelang an.

Mein Kontakt mit der Pflanze

Ich bin dem Höllengewächs erst einmal begegnet: im Hortus Botanicus Leiden in den Niederlanden. Es war nur 25 cm hoch und trug Beeren mit harmlos wirkendem Pelz. Ich möchte trotzdem nicht derjenige sein, der die gefährlichste Pflanze der Welt gießen muss. Gibt es ein besseres Argument für automatische Bewässerung?

KURIOS

Die Toxine der Gympie-Gympie sind so einzigartig in der Pflanzenwelt, dass Wissenschaftler sie »Gympietide« genannt haben. Sie ähneln dem Gift mancher Schlangen und Spinnen.

TRIVIALNAMEN

Brennender Busch, Diptam

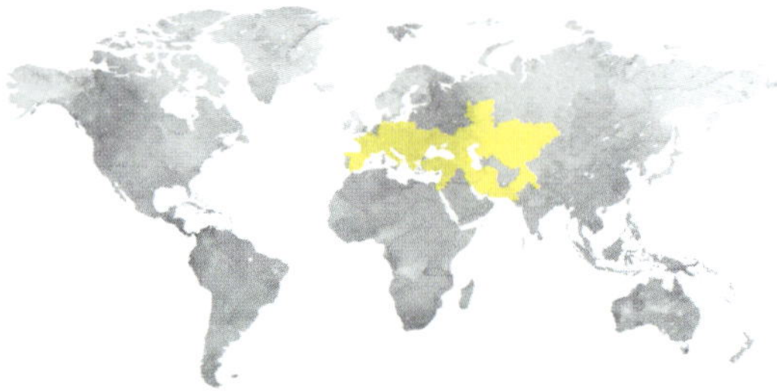

BRAND-GEFÄHRLICH

WIE GROSS WIRD ER?
Bis zu 40 cm hoch und 1 m breit.

WO IST ER ZU HAUSE?
Südeuropa und Teile Asiens.

WAS IST SEIN LEBENSRAUM?
Warme, lichte Wälder.

WIE WIRD ER BESTÄUBT?
In erster Linie durch Bienen, vor allem mittelgroße bis große. Am häufigsten treibt sich *Habropoda tarsata* auf ihm herum.

KANN ICH IHN ZU HAUSE KULTIVIEREN?
Ja, in der vollen Sonne oder im Streuschatten. Er mag gute, feuchte, sehr durchlässige Böden. Es dauert aber eine Weile, bis er eingewachsen ist.

Nein, ich will Sie gewiss nicht einladen, in der Botanik zu zündeln. Aber wenn das Ihr Ding wäre, dann würden Sie mit Sicherheit für dieses Gewächs brennen. Der Brennende Busch ist ein echtes Phänomen, trotzdem weiß man nur wenig über ihn. Er strotzt förmlich vor ätherischen Ölen, die sich an einem warmen, windstillen Tag für den Bruchteil einer Sekunde entzünden können. Der Effekt ähnelt dem eines Bunsenbrenners, der im Chemieunterricht kurz eingeschaltet wird, allerdings lodern die Flammen um eine prächtige Blütentraube auf. Zum Glück müssen Sie dabei nicht mit einem Chemielehrer rechnen, der Sie anbrüllt, damit gefälligst aufzuhören.

Die Pflanze kommt im gemäßigten Eurasien von Spanien bis China vor. Sie ist auch

Dictamnus albus* var. *purpureus

BOTANISCHER NAME

in Mitteleuropa winterhart und dient sich hier als spektakuläre – und überhaupt nicht gefährliche – Rabattenstaude an.

Ein botanisches Mysterium

Erstmals dokumentiert wurde die Entflammbarkeit des Brennenden Buschs 1753 vom schwedischen Botaniker Carl Linnaeus. Es heißt, seine Tochter habe ein Schwefelholz darunter angezündet, woraufhin das Gewächs in Flammen aufgegangen sei.

Am ehesten fängt die Pflanze Feuer, wenn sie verblüht und Samen ansetzt. So richtig feuergefährlich aber ist sie nicht, denn sie selbst ist schwer entflammbar. Lediglich ihre Öle entzünden sich und auch diese nur ultrakurz.

Trotzdem bleibt die brennende Frage, warum die Pflanze die entzündlichen Gase bildet. Botaniker scheinen ihr noch nicht allzu intensiv nachgegangen zu sein. Einer Theorie zufolge hält sie sich damit nahe Konkurrenz vom Leib. Durch die eine oder andere Explosion an heißen Sommertagen entfacht die Pyromanin ihr eigenes Buschfeuer und sorgt so dafür, dass ihr Nachbargewächse nicht zu sehr auf die Pelle rücken.

Möglich ist auch, dass die Flammen nur ein Nebeneffekt der Ölproduktion sind oder sie vor Hitzestress schützen.

So brennt mir die Frage weiter unter den Nägeln. Wenn Sie wie ich ein YouTube-Junkie sind, können Sie sich mit eigenen Augen die Videos ansehen, in denen der Brennende Busch seinen Partytrick zeigt.

Auf den Busch geklopft

Die ätherischen Öle sind aber nicht nur leicht entzündlich. Sie duften auch intensiv, weshalb anzunehmen ist, dass die Pflanze sie bildet, um Fressfeinde inklusive Moskitos abzuwehren. Wenn Sie Ihre Sommerterrasse mit ihr schmücken möchten, nehmen Sie einen möglichst hohen Topf, denn die

KURIOS

Mit seinen mehr als 100 chemischen Verbindungen, darunter etlichen ätherischen Ölen, ist der Brennende Busch ein ideales Forschungsobjekt.

gigantische, möhrenähnliche Pfahlwurzel braucht viel Platz. Und wenn es etwas gibt, das der Brennende Busch nicht mag, dann eine Störung seiner Wurzel.

Die Pyromanin entfacht ihr eigenes Buschfeuer und sorgt so dafür, dass ihr andere Gewächse nicht zu sehr auf die Pelle rücken.

Das soll Sie allerdings nicht davon abhalten, sich dieses Kuriosum in Ihren Garten zu holen. Wenn Sie nicht für das glänzende, gefiederte Laub brennen, dann ganz sicher für die ausgefeilten Blüten. Es gibt sie in Weiß oder Violettrosa. Vor allem letztere Variante wurde als Zierpflanze selektiert und hat sogar eine Empfehlung der berühmten Royal Horticultural Society bekommen. Sie können also sicher sein, dass der Brennende Busch Ihren Garten zum Leuchten bringen wird. Buchstäblich!

Trotzdem wird er in Gärtnereien und Gartencentern nur selten angeboten, denn er braucht viel länger als andere Stauden, bis er Verkaufsformat hat. Außerdem benötigt er große, schwer zu transportierende Töpfe, in denen die lange Wurzel Platz hat. Um ehrlich zu sein, habe ich ihn bisher selten zum Verkauf angeboten gesehen. Ob die Brandschutzbehörden da ein Wörtchen mitreden?

Es lohnt sich dennoch, ein paar Pflanzen aufzutreiben, denn sie sind überhaupt nicht anfällig für Schädlinge und Krankheiten und brauchen auch kaum Pflege. Allerdings sollten Sie den Brennenden Busch vielleicht mit dem Schild »Feuergefährliche Stoffe« kennzeichnen. Man weiß ja nie …

TRIVIALNAME

Kannenpflanze

WIE GROSS WIRD SIE?
Die Kannen werden bis zu 10 cm lang, die Kletterpflanze erreicht bis zu 15 m.

WO IST SIE ZU HAUSE?
Sie gehört zu den am weitesten verbreiteten *Nepenthes*-Arten und kommt von Südthailand bis Neuguinea vor.

WAS IST IHR LEBENSRAUM?
Feuchte Wälder bis 2100 m Höhe ü. M.

WIE WIRD SIE BESTÄUBT?
Von Fliegen und Bärenspinnern.

KANN ICH SIE ZU HAUSE KULTIVIEREN? Ja, am besten in einem riesigen Terrarium bei 75 % Luftfeuchtigkeit und konstant warmen Bedingungen (klingt wie ein Vollzeitjob).

Hier haben wir eine Pflanze, die auf den ersten Blick wie ein gieriger Fleischfresser wirkt, in Wirklichkeit aber so zahm ist, dass kleine Insekten und Frösche regelmäßig Quartier in ihren eigentümlichen grünen Kannen beziehen. Im Gegensatz zu den Insektenkillern hat *Nepenthes ampullaria* keine Nektardrüsen, um ihre Opfer anzulocken. Zudem unterscheiden sich ihre Fallen beträchtlich von den schmalen Fangbehältern anderer Arten der Gattung *Nepenthes*. Sie tragen keinen Deckel, der einen düsteren Schatten auf das Innere wirft, und sind eher wie Trichter mit breitem Rand geformt, denn sie haben sich daran angepasst, herabfallende Pflanzenreste

DIE VEGETARISCHE FLEISCHFRESSERIN

Nepenthes ampullaria

BOTANISCHER NAME

Um möglichst viel herabfallendes Laub abzuschöpfen, bildet sie zahlreiche Kannen an einem dichten Gestrüpp von Trieben.

aufzufangen. *Nepenthes ampullaria* ist also eigentlich – Tusch bitte! – Vegetarierin und gar nicht so schurkisch, wie man auf den ersten Blick meinen könnte.

Mitesser

Sobald die Pflanzenreste erst einmal im Eimer sind, wie gut kann die Kannenpflanze sie dann verdauen? Nicht gut, um ehrlich zu sein. Zum Glück beherbergt sie eine ganze Reihe weiterer Organismen. Die bilden eine Art Kommune, zu der unter anderem Mückenlarven zählen. Diese als Schmarotzer zu bezeichnen wäre allerdings unfair,

Viele fleischfressende Pflanzen bilden lange Blütenstände, damit Bestäuber nur ja nicht in die Nähe der meist tödlichen Fallen geraten.

KURIOUS

Die Kannen werden bisweilen als hübsche, kompostierbare Schälchen zum Servieren von Reisgerichten genutzt.

denn sie verdauen die Reste und verwandeln sie in stickstoffreichen Abfall, über den sich die Kannenpflanze dann hermacht. Wissenschaftler nennen solche Gewächse Detritivoren, also »Abfallfresser«, denn sie zersetzen pflanzliche Reste und manchmal sogar tierische Ausscheidungen.

In ihrem Hunger scheut *Nepenthes ampullaria* keinen Aufwand. Um möglichst viel herabfallendes Laub abzuschöpfen, setzt sie zahlreiche Kannen an einem Gestrüpp kletternder oder kriechender Triebe an, die auf dem Waldboden oft einen dichten Teppich bilden.

Nepenthes ampullaria ist die bunteste unter den Kannenpflanzen und trumpft mit unterschiedlichsten Tönen zwischen Grün und Rot auf – sogar ein Grün mit roten Flecken ist möglich. Eine Erklärung für diese Farbenvielfalt nach Chamäleonmanier haben Botaniker nicht.

Volle Kanne

Nicht nur Mückenlarven beziehen in den Kännchen Quartier. Insgesamt folgen über 60 Arten von Lebewesen der Extraeinladung und stauben etwas ab oder beteiligen sich am Geben und Nehmen. So mieten sich in den Kannen Krabbenspinnen und sogar Kleinfrösche wie *Microphyla nepenthicola* ein, die ihre Eier innen an die Kannen heften, sodass die Kaulquappen in der Verdauungsflüssigkeit heranwachsen.

Wie viele Kannenpflanzen kreuzt sich auch diese sehr leicht mit anderen *Nepenthes*-Arten – wie frivol! –, wodurch interessante Hybriden entstehen. Die Blüten werden in erster Linie von Fliegen bestäubt, aber selten fotografiert, da die Kannen die ganze Aufmerksamkeit bekommen.

Wie viele fleischfressende Pflanzen öffnet *Nepenthes ampullaria* die Blüten in sicherer Entfernung von der »Kann«tine, damit Bestäuber nicht versehentlich in der Falle landen. Dabei tut sie, wie wir inzwischen wissen, nur so, denn ihre Kannen sind bloße harmlose Reste einer evolutionären Entwicklung.

Ich kenne keine coolere Pflanze. Ich würde vermutlich vor Begeisterung schreien, wenn ich sie in freier Natur entdecken würde, um sogleich auf die Knie zu fallen und fasziniert zu beobachten, was sich dort im Grünen abspielt.

TRIVIALNAME

Schusspflanze

DAS GROSSE POLLENKATAPULT

WIE GROSS WIRD SIE?
30–40 cm hoch und 50 cm breit.

WO IST SIE ZU HAUSE?
Mittel- und Ostaustralien.

WAS IST IHR LEBENSRAUM?
Trockene Wälder mit geringem Nährstoffgehalt.

WIE WIRD SIE BESTÄUBT?
Von kleinen Solitärbienen und Wollschwebern, die Nektar sammeln.

KANN ICH SIE ZU HAUSE KULTIVIEREN?
Im Prinzip schon. Angeblich steckt sie bis zu –10 °C weg.

Sie ist schon verdammt clever, diese Schusspflanze, denn sie überlässt nichts dem Zufall. Landet ein Insekt auf ihrer Blüte, verändert sich geringfügig der Druck darin. Dadurch wird die Griffelsäule hinter der Blüte, eine Art Zauberstab, ausgelöst. Sie schleudert wie ein Klöppel nach vorn und überschüttet das Insekt mit Pollen, das zwar leicht benommen ist, aber unverletzt bleibt. All das passiert binnen 15 Millisekunden und umso flotter, je wärmer die Luft ist. Das eingestäubte Insekt fliegt anschließend davon und überträgt den Pollen auf eine andere Blüte. Unterdessen kehrt die Säule wieder in die Ausgangsposition zurück.

Stylidium graminifolium

BOTANISCHER NAME

Wäre es nicht ein Genuss, sich zurückzulehnen und zuzusehen, wie dieses Wunder der Natur auf arglose europäische Bienen eindrischt?

Die unverdauliche Wahrheit

Viele Jahre lang galt die Schusspflanze unter Botanikern als »präkarnivor«. Solche fleischfressenden Gewächse fangen zwar winzige Insekten, die wesentlich kleiner sind als die für die Bestäubung zuständigen Arten, können sie aber nicht verdauen. Sie locken ihre Beute mit klebrigen Substanzen, Schleimstoffe genannt, an und ersticken sie darin. Die Schleimstoffe bestehen aus Polysacchariden und Wasser und werden von Pflanzenhaaren (Trichomen) abgesondert. Präkarnivorie ist außerdem ein Verteidigungsmechanismus, der verhindert, dass Pflanzenteile gefressen werden. Ich habe einen Topf mit *Stylidium* auf meinem Gartentisch platziert und hoffe, er fängt die Milben ab, die sich in meinem Garten breitmachen wollen. Einen Versuch ist es wert.

Marke Eigenanbau

Stylidium graminifolium lässt sich unschwer kultivieren und ist eine recht hübsche Rabattenpflanze, allerdings nur in sehr milden Gegenden winterhart, sodass man sie am besten im Topf zieht. Mit ihren schmetterlingsähnlichen rosa Blüten sieht sie nicht nur von Weitem gut aus, sondern macht auch von Nahem besehen und als Schnittblume in Sträußen eine gute Figur.

Sie ist als Zierpflanze noch selten und entsprechend schwer zu bekommen, doch immerhin empfiehlt die britische Royal Horticultural Society bereits eine Sorte namens 'Little Saphire'. Sie trägt blaugrünes Laub und lässt sich gut aus Samen ziehen, den man mit etwas Glück im Online-Handel bekommen sollte.

Stylidium graminifolium ist angenehm anspruchslos. Sie bevorzugt nährstoffarme Böden und übersteht in ihrer australischen Heimat sogar gelegentliche Buschfeuer. Eine gute Gesellschafterin ist sie daher für den leicht entzündlichen *Dictamnus* (S. 20) – die beiden sind angeblich Feuer und Flamme füreinander. Allerdings verträgt *Stylidium graminifolium* es gar nicht, gestört zu werden – so wie ich beim Ansehen meiner Lieblingsserie *EastEnders*. Aber wäre es nicht ein Genuss, sich zurückzulehnen und zuzusehen, wie dieses Wunder der Natur auf arglose europäische Bienen eindrischt? Bei einem solchen Schauspiel würde sogar ich auf meine Lieblingsserie verzichten.

Buschfeuer unterstützen in freier Natur die Keimung der Samen. Kommen Sie bloß nicht auf die Idee, Ihren Garten deshalb abzufackeln.

Schusspflanzen bieten nicht nur ein eindrucksvolles Schauspiel, sie sind auch ausgesprochen dekorativ.

TRIVIALNAME

Stierhorn-Akazie

WIE GROSS WIRD SIE?
10 m hoch und bis zu 5 m breit.

WO IST SIE ZU HAUSE?
Mittelamerika, insbesondere Yucatán in Mexiko.

WAS IST IHR LEBENSRAUM?
Feuchtes Tiefland, Sümpfe, Flussufer.

WIE WIRD SIE BESTÄUBT?
Von Insekten, doch weiß man nicht, wie sie es schaffen, nicht von Akazienameisen attackiert zu werden.

KANN ICH SIE ZU HAUSE KULTIVIEREN?
Nein. Wollen Sie auch gar nicht – sie ist nicht sehr ansehnlich.

Mit ihren tückischen Dornen hält sich die Stierhorn-Akazie Pflanzenfresser wirkungsvoll vom Leib. Aber nicht nur sie selbst nimmt es mit Feinden auf. In den Dornen leben Ameisen, die von der Akazie gehirngewaschen werden und sich todesmutig auf alles stürzen, was ihnen zu nahe kommt. Das Bündnis zwischen Stierhorn-Akazie und Akazienameisen (*Pseudomyrmex ferruginea*) gehört für mich zu den faszinierendsten Symbiosen überhaupt.

Die Beziehung zwischen Akazie und Ameise wurde erstmals im 19. Jahrhundert von dem britischen Naturforscher Thomas Belt beobachtet. 1973 führte der amerika-

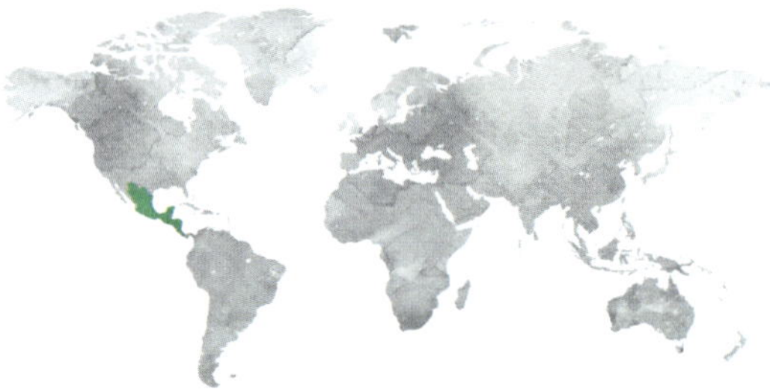

DIE DEALER-PFLANZE

Vachellia cornigera

BOTANISCHER NAME

nische Ökologe Daniel Hunt Janzen Feldstudien in Mexiko durch und fand heraus, dass die Beziehung des Baums mit den Ameisen für beide Seiten lebenswichtig ist.

Geben und Nehmen

Das Besondere an der Stierhorn-Akazie sind ihre hohlen Dornen, die tatsächlich Stierhörnern ähneln. Akazienameisen fressen kleine Löcher hinein, legen ihre Eier ins Innere und ziehen ihre Brut dort auf.

Aber die Insekten bekommen Kost und Logis nicht umsonst. Der Baum verlässt sich darauf, dass sie Feinde aggressiv abwehren, ganz gleich, ob es sich um Insekten oder größere Tiere handelt. Ziegen etwa müssen damit rechnen, schmerzhafte Stiche in den Kopf abzubekommen, Grillen werden gnadenlos zerkleinert.

Aber die Ameisen attackieren Räuber nicht nur, sie setzen auch ein Pheromon frei, das sie abschreckt. Wie Janzen in Versuchen mit Hirschen und Kühen beweisen konnte, halten sich die Tiere genau deshalb von den Bäumen fern. Die Pflanze bedankt sich bei ihrer Armee mit einem Festmahl. Mehr als die Hälfte ihrer Blättchen hat eine Spitze, die sich entfernen lässt und nach besagtem englischen Naturforscher »Belt-Körperchen« genannt wird. Sie enthält Fette, Zucker und Eiweiß und ist nur dazu da, die Ameisen zu ernähren. Deren Larven haben sogar Seitentaschen am Körper, in die die erwachsenen Tiere die Spitzen schieben.

Das Bündnis zwischen Stierhorn-Akazie und Akazienameisen gehört für mich zu den faszinierendsten Symbiosen der Natur.

KURIOS

In Mittelamerika werden die Dornen oft für Halsketten und Gürtel verwendet.

Doch die Pflanze hat einen noch hinterhältigeren Trick auf Lager, um sich die Loyalität der Krabbeltiere zu sichern. Ihre Blattstiele tragen »extraflorale Nektarien«. Diese Drüsen produzieren kohlenhydratreichen Nektar mit Alkaloiden wie Koffein und Nikotin, die die Ameisen abhängig machen. Die Pflanzen verändern sogar die Freisetzung der Substanzen, um das Verhalten der Tiere zu steuern. Die aber sind mit dem Abhängigkeitsverhältnis mehr als zufrieden. Sie müssen schließlich nichts weiter tun, als herumzukrabbeln und böse dreinzuschauen.

Selbstgewählte Einsamkeit

Janzen fiel zudem auf, dass um die Stierhorn-Akazien kaum Pflanzen wuchsen. Er fand heraus, dass die Ameisen Sämlinge entfernen, bevor sie für den Baum zur Konkurrenz werden. Zusätzlich zwicken sie die Zweige von Nachbargewächsen ab, die in den Luftraum der Akazien eindringen. Und wehe der Ameisenarmee, die sich eines Baums bemächtigen möchte!

Die Belt-Körperchen ernähren die Ameisen, während ihnen die innen hohlen Dornen als sichere Behausung dienen.

TRIVIALNAME

Venusfliegenfalle

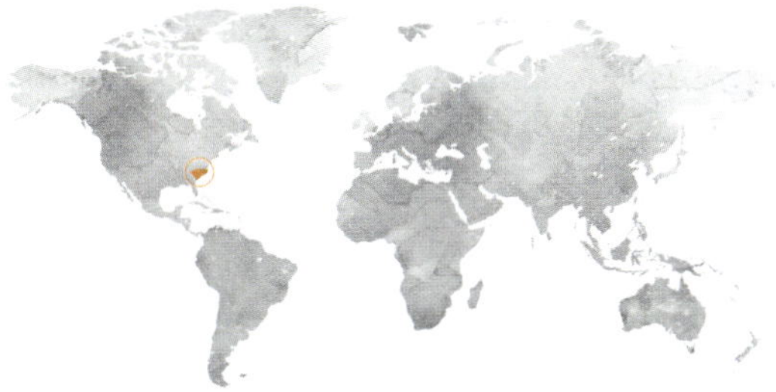

EINE GANZ MORDLÜSTERNE

WIE GROSS WIRD SIE?
5–10 cm hoch und 10–20 cm breit.

WO IST SIE ZU HAUSE?
An der Küste von North und South Carolina in den USA.

WAS IST IHR LEBENSRAUM?
»Pocosine«, das sind sumpfähnliche Feuchtgebiete an der Küste.

WIE WIRD SIE BESTÄUBT?
Durch Fluginsekten wie Bockkäfer sowie *Halictidae*-Bienen. Wollen wir hoffen, dass sie heil davonkommen.

KANN ICH SIE ZU HAUSE KULTIVIEREN?
Ja, die Aussaat ist kinderleicht. Nach vier Jahren ist die Pflanze blühreif.

Wie faszinierend Pflanzen sind, fällt vielen das erste Mal auf, wenn sie eine Venusfliegenfalle sehen. Ich wette mit Ihnen um einen Zehner, dass Sie auch schon einen Finger in ihre Fänge gesteckt haben – in der masochistischen Hoffnung, dass er abgebissen wird. Passiert zum Glück nicht. Im Gegensatz zu ihrem herrlich durchgeknallten, blutrünstigen Pendant in dem 1986 erschienenen Film *Der kleine Horrorladen* ist die Venusfliegenfalle nämlich ziemlich wählerisch und gar nicht so auf Blut aus.

Ihre Heimat sind die subtropischen Feuchtgebiete an der Ostküste der USA. Klingt nach Schlaraffenland, doch in Wirk-

Dionaea muscipula

BOTANISCHER NAME

> **Die Borsten greifen ineinander und bilden eine käfigähnliche Falle, die eine Flucht verhindert.**

lichkeit fehlen dem sauren Boden dort viele Nährstoffe. Deshalb musste sich die Venusfliegenfalle im Lauf der Evolution etwas einfallen lassen, um die karge Kost mit Naschereien wie Fliegen, Käfern, Heuschrecken, Spinnen, Würmern und gelegentlich sogar kleinen Fröschen aufzupeppen.

Die Mörderpflanze, wie ich sie am liebsten nenne, bildet zahlreiche Wurzeln, die ein ganz und gar ungewöhnliches Fangblatt verankern. Es besteht zum Teil aus einem Blattstiel, der zur Fotosynthese fähig ist, und einer Blattspreite mit einem Gelenk in der Mitte. Das Innere der Spreite leuchtet weithin rot und gibt einen Duft ab, der für Menschen aber nicht wahrnehmbar ist. Eine Matrix aus winzigen Haaren signalisiert der Pflanze, dass Beute verfügbar ist. Doch die Falle schnappt erst zu, wenn die Haare innerhalb von 20 Sekunden zweimal berührt werden. Das verhindert, dass tote Pflanzenreste oder Regentropfen den Mechanismus auslösen.

Die Todesfalle

Stellen Sie sich vor, es ist ein ruhiger Tag an der US-Küste. Eine langbeinige Spinne spaziert arglos über die Pflanze. Löst sie den Schließreflex aus, verändert sich die Form der Blattspreite binnen einer Zehntelsekunde von konvex zu konkav. Die Borsten greifen ineinander und bilden eine käfigähnliche Falle, die verhindert, dass das schmackhafte Opfer flieht. Eine reelle

An Blüten denkt man bei Venusfliegenfallen zuletzt. Doch auch sie haben welche. Sie sind weiß und stehen weit über den Fallen, damit Bestäuber nicht versehentlich in sie geraten.

KURIOUS

Wie schnell die Falle zuschnappt, unterscheidet sich von Pflanze zu Pflanze. An warmen Tagen geht es schneller. Auch die Gesundheit spielt eine Rolle.

Berührt ein Insekt die Fühlborsten zweimal innerhalb von etwa 20 Sekunden, schließt sich die Falle um ihre Beute.

Chance zu entkommen hat höchstens ein sehr kleines, wendiges Tier. Aber solch ein Lebewesen wäre vermutlich sowieso nicht nahrhaft genug für die Pflanze.

Natürlich versucht auch unsere Spinne, sich zu befreien. Sobald sie die Haare weitere fünf Mal berührt hat, weiß die Pflanze, dass Essenszeit ist. Sie schließt die Klappen vollständig und bildet Verdauungssäfte, die Spiderman genüsslich zersetzen. Danach öffnet sich die Falle wieder und wartet auf das nächste Opfer. Venusfliegenfallen werden bis zu 30 Jahre alt und gönnen sich in dieser Zeit etliche Gourmet-Festmahle.

Artenschutz

Leider musste die Venusfliegenfalle unter Schutz gestellt werden, da sie durch illegales Sammeln besorgniserregend stark dezimiert wurde. Die meisten heute verkauften Pflanzen werden zum Glück durch Mikrovermehrung und Aussaat gezüchtet. Dennoch bleibt die Pflanze durch Überbauung ihres Lebensraums gefährdet. Außerdem fehlen ihr heutzutage die Waldbrände, die in ihrer Heimat regelmäßig vorkamen und konkurrierende Gewächse ausschalteten, denn sie selbst überlebt Feuer und treibt aus dem fleischigen unterirdischen Rhizom wieder aus. Durch die immer bessere Brandbekämpfung sind ihre Überlebenschancen groteskerweise noch gesunken.

Im Handel sind viele verschiedene Sorten erhältlich. Manche haben flache Fallen, andere größere Zähne und wieder andere sind fast schwarz. Die furchterregendsten Züchtungen sind »B52« und »South West Giant«, denn sie haben die größte Klappe.

TRIVIALNAME

Sandbüchsenbaum

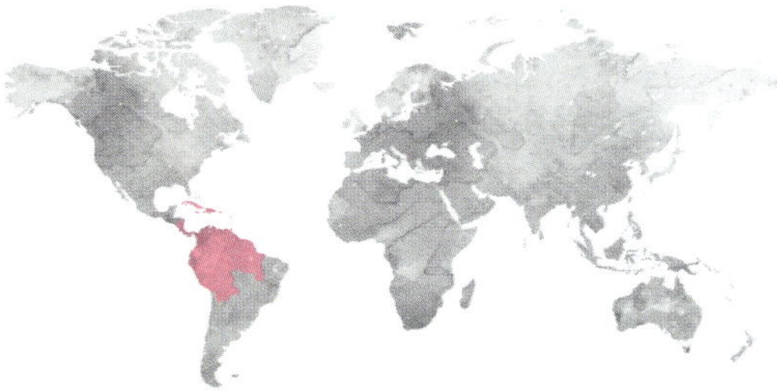

DER HAT EINEN KNALL

WIE GROSS WIRD ER?
60 m hoch. Die Krone kann über 10 m Durchmesser erreichen.

WO IST ER ZU HAUSE?
Ursprünglich in Südamerika. Inzwischen wurde er in anderen Teilen der Welt eingebürgert.

WAS IST SEIN LEBENSRAUM?
Waldränder und Lichtungen.

WIE WIRD ER BESTÄUBT?
Durch Fledermäuse.

KANN ICH IHN ZU HAUSE KULTIVIEREN?
Vergessen Sie's.

Geben Sie's zu: Sie dachten, alle Bäume seien still und würdevoll. Ihr einziges Geräusch sei das Rascheln der Blätter, wenn der Wind durch die Kronen streicht. Von wegen. *Hura crepitans* bildet Samen, die mit einem lauten Geräusch platzen und ihre Teilfrüchte mit einer Geschwindigkeit von 260 km/h durch den Wald schleudern. Der Aufprall auf Hindernisse wie etwa andere Bäume erzeugt noch einmal einen schusswaffenartigen Knall.

Wenn die kürbisförmigen Samenkapseln reif sind, schießen sie ihre Bestandteile, darunter alle 16 Samen, bis in 70 m Höhe. Diese

Hura crepitans

BOTANISCHER NAME

Aussaatmethode ist zwar recht brachial, dafür kann die Pflanze dank der botanischen Handgranaten darauf verzichten, ihre Samen von Tieren verbreiten zu lassen.

Ein teuflisches Gewächs

Auch sonst sollte man sich vor dem Baum hüten, denn er ist mit Stacheln bewehrt, die an die Nieten auf Lederjacken erinnern. Sie schützen ihn vor Schmarotzern und insbesondere Affen, die, wie man weiß, sehr auf Samen und Nüsse stehen und deshalb liebend gern an ihm hochklettern würden. In anderen Sprachen wird er deshalb auch »Teufelsbaum« oder »Keinaffenkletterbaum« genannt. Allerdings taugt er für Menschen genauso wenig zum Klettern.

Einladender ist er dagegen für fliegende Regenwaldbewohner. Nur zu gern hängen Fledermäuse in ihm rum und bestäuben dort bei der Gelegenheit gleich die Blüten – die männlichen erinnern an Beeren und tragen keine Blütenblätter, die weiblichen wirken unscheinbarer und stehen einzeln.

Mitunter wird das Gehölz in den Tropen als Straßenbaum eingesetzt, weil es einen starken Schatten wirft. Seine schießwütige Art schmälert den Nutzen allerdings etwas.

Beide aber zeigen sich in schickem Rotbraun. Nach dem Bestäuben reifen Früchte, die zunächst grün, dann gelb und schließlich einnehmend rotbraun sind.

Den Namen Sandbüchsenbaum hat das Gehölz bekommen, weil man früher Sand in die Früchte füllte, um Tinte damit zu trocknen, als es noch kein Löschpapier gab. Dabei ist das noch die harmloseste Nutzung mit einem relativ geringen Sterblichkeitsrisiko. Mehr dazu gleich.

Vielseitig einsetzbar

Hura crepitans trägt herzförmige, papierdünne Blätter. Sie werden bis zu 60 cm groß, sodass der Baum selbst im tiefsten Schatten noch gedeiht und Regenwaldrivalen locker aussticht. Zudem wächst er auf nassen wie auf trockenen Böden. Wenn nur alle meine tropischen Zimmerpflanzen so flexibel wären.

Mitunter wird *Hura crepitans* in den Tropen als Straßenbaum gepflanzt, weil er einen starken Schatten wirft. Seine schießwütige Art schmälert den Nutzen jedoch etwas. In Tansania gilt er sogar als invasiv, da er einheimische Pflanzen verdrängt. Das Holz verwendet man zwar gern als Baustoff für Häuser, doch ist beim Fällen Vorsicht geboten, denn der Saft ist giftig und kann vorübergehende Erblindung verursachen.

Auch seine anderen Verwendungszwecke sind nichts für schwache Nerven. Einer seiner Inhaltsstoffe kommt bei der Herstellung von Tränengas zum Einsatz, während der Milchsaft aus der Rinde vom Volk der Kariben auf den Kleinen Antillen sogar zur Herstellung von Pfeilgift verwendet wird. Teufel aber auch!

KURIOS

Jäger am Amazonas schütteten den giftigen Saft früher in Bäche. Die Fische kamen daraufhin an die Oberfläche und konnten so gefangen werden.

Der stachelbewehrte Stamm hindert hungrige Tiere daran, an ihm hochzuklettern und sich an den köstlichen Samen gütlich zu tun.

DOPPEL-
GÄNGER

02

Manche Menschen nehmen Pflanzen nur zur Kenntnis, um sich über sie lustig zu machen, weil sie zufällig jemandem oder etwas ähneln. Aber für Pflanzen ist Mimikry bitterer Ernst: Sie müssen alles tun, um Bestäuber anzulocken. Selbst wenn sie dafür zu Experten für Tarnung und Täuschung werden und das nicht immer so, wie Sie vielleicht vermuten würden.

TRIVIALNAMEN

Baumartige Pfeifenblume, »Darth-Vader-Pflanze«

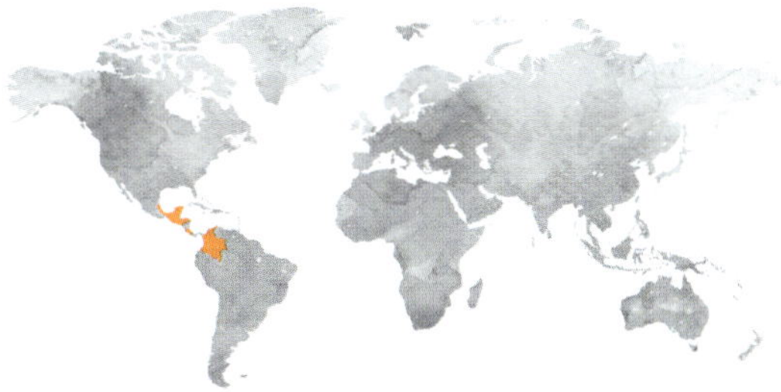

DIE DUNKLE BEDROHUNG

WIE GROSS WIRD SIE?
Bis zu 3 m hoch.

WO IST SIE ZU HAUSE?
In Teilen Mittelamerikas, insbesondere von El Salvador bis hinunter nach Kolumbien. Aber wesentlich häufiger ist sie auf Instagram.

WAS IST IHR LEBENSRAUM?
Feuchtwiesen und Flussauen.

WIE WIRD SIE BESTÄUBT?
Von Käfern und Fliegen.

KANN ICH SIE ZU HAUSE KULTIVIEREN?
Ja, bei ausreichender Wärme und mit den richtigen tropischen Vibes.

Manche Pflanzen werden Internet-Berühmtheiten, andere nicht. 2017 machte das Foto einer *Senecio peregrinus* auf Twitter Furore, als es 10 500 Retweets bekam, weil die Blätter Delfinen ähneln. Ebenfalls oft gepostet werden die Hot Lips (S. 58) und die Affen-Orchidee (*Dracula simia*), deren Blüten tatsächlich an ein Affengesicht erinnern.

Die faszinierendste Doppelgängerin des Pflanzenreichs aber dürfte die »Darth-Vader-Pflanze« sein – und nein, die Bilder von ihr sind nicht gephotoshopt. Sie ist in freier Natur eine echte Seltenheit, doch ich hatte das Glück, sie im Botanischen Garten

Aristolochia salvadorensis* Syn. *arborea

BOTANISCHER NAME

von Niigata zu sehen, wo ich auch der Telegrafenpflanze (S. 118) begegnet bin.

Zunächst sind die Blockbuster-Qualitäten von *Aristolochia salvadorensis* nicht allzu offensichtlich, denn die Blüten stehen ziemlich weit unten an der Stängelbasis und sind daher fast nicht auszumachen. Aber wenn man tief in die Hocke geht, starrt einen plötzlich das Antlitz des einst heroischen Jediritters an. Wäre ich ein Star-Wars-Fan, würde ich hier jetzt einen Insiderwitz loswerden, aber ich stehe leider mehr auf Soaps als auf Science-Fiction.

Für Bestäuber tu ich alles

Nähert man sich der Blüte, fällt einem als Erstes der Geruch auf. Er erinnert an eine volle Abfalltonne, denn die Pflanze lockt ihre Bestäuber mit dem Gestank von fauligem Fleisch an. Die Außenseite der Blütenhülle ist sogar rotbraun geädert, sodass das Ganze noch mehr nach einem Klumpen Fleisch aussieht.

Drinnen begegnet man der dunklen Seite der Macht, denn die Hülle wirft einen unheimlichen Schatten. Aus der Düsternis

Aus der Dunkelheit starren einen zwei leuchtende »Augen« an, deren Aufgabe es ist, Besucher in die tiefsten Abgründe der Blüten zu locken.

Ist das Insekt erst einmal im Inneren der Blüte, wird es mit reichlich Nektar versorgt – für den Fall, dass es länger festsitzt als geplant.

starren einen zwei leuchtende »Augen« an, deren Aufgabe es ist, Bestäuber in die tiefsten Abgründe der Blüten zu locken. Dort bremst sie eine Wand aus klebrigen Haaren ab und bestäubt sie wie in einer Autowaschanlage mit Pollen. Da die Behaarung nach hinten zu weicher wird, kann das Insekt wieder nach draußen und mit seiner Fracht die nächste Blüte bestäuben.

Ein galaktischer Auftritt

In freier Natur ist *Aristolochia salvadorensis* eine struppige, unordentliche Pflanze, die ziemlich unmotiviert in ihrem Lebensraum herumwächst. Das wisterienartige Laub hat zwar durchaus seinen Reiz, steht aber wegen der faszinierenden Blüten weiter unten eher im Schatten.

Ist die Pflanze erst einmal gut eingewachsen, setzt sie an ihrer korkigen Basis eifrig Blüten an. Sie bleiben etwa eine Woche lang geöffnet und locken in dieser Zeit fast so viele Insektenbesucher an wie ein neuer Star-Wars-Film Fans. Denn mit ihrem tiefen Stand richtet sie sich an Käfer, während der Aasgeruch Fliegen auf den Plan ruft.

TRIVIALNAMEN

Darwins Pantoffelblume, Happy Alien

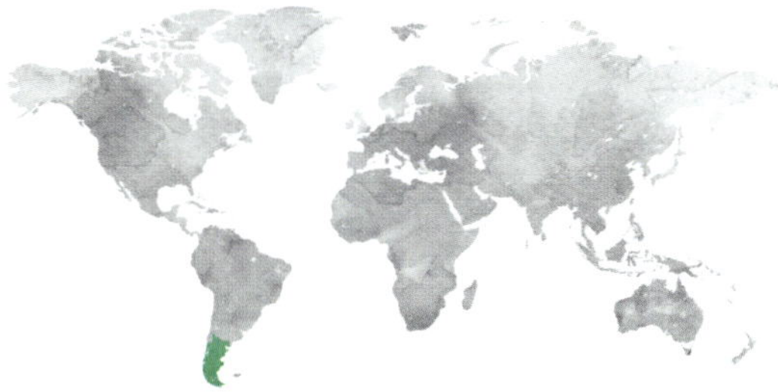

DIE ALIEN-PFLANZE

WIE GROSS WIRD SIE?
12,5 cm und etwa 25 cm breit.

WO IST SIE ZU HAUSE?
In den zerklüfteten Anden von Chile und Argentinien, außerdem in Patagonien.

WAS IST IHR LEBENSRAUM?
Felshänge mit kargen Böden, in den kältesten, südlichsten Zonen des Verbreitungsgebiets auch Habitate auf Meereshöhe.

WIE WIRD SIE BESTÄUBT?
Von Vögeln: den Höhenläufern.

KANN ICH SIE ZU HAUSE KULTIVIEREN?
Theoretisch ja, die Art ist aber rar.

Was wächst denn da auf den Bergeshöhen? Für einige sehen die Blüten wie Pinguine aus, für andere wie Außerirdische.

Glauben Sie, was Sie wollen. Fakt ist: *Calceolaria uniflora* ist eine immergrüne Alpinpflanze, die am Boden kauert, flach wurzelt und einen nestartigen Laubhorst bildet. Wesentlich spektakulärer indes sind ihre Blüten – orangegelbe Gebilde mit roten Malen, kastanienbraunen Sommersprossen und einem weißen Band um den »Mund« (mehr dazu gleich).

Im angelsächsischen Sprachraum wird die Pflanze auch Happy Alien genannt. Und tatsächlich haben die zerklüfteten,

Calceolaria uniflora

BOTANISCHER NAME

felsigen Gebirgshänge, die ihr Lebensraum sind, etwas Außerirdisches an sich. Leider ist es dort aber viel zu kalt für Bienen und andere Bestäuber. Was macht Pflanze in einem solchen Fall also?

Sie lockt Vögel an. Wissenschaftler kennen Piepmätze, die sich von den Samen und Früchten vieler Alpinpflanzen und auch den Blüten von *Calceolaria uniflora* ernähren. Letztere sehen also nicht wie Aliens aus, damit Außerirdische kommen und die Bestäubung übernehmen. Die Ähnlichkeit ist vielmehr rein zufällig.

Leckere Lippe

Nicht umsonst schmeckt die untere weiße Lippe der Blüte recht lecker – fast mandelartig, habe ich mir sagen lassen. Sie enthält viel Zucker und gehört zur Hauptnahrung von Höhenläufern, geselligen wachtelähnlichen Vögeln. Sie streifen gruppenweise im Zickzack über die Hänge und verputzen in Rekordzeit die weißen Streifen, die vor rotem und gelbem Hintergrund auf dem Präsentierteller angeboten werden.

Die untere weiße Lippe der Blüte schmeckt recht lecker – fast mandelartig, habe ich mir sagen lassen.

Und da wird es erstaunlich. Denn zufällig ist der Abstand zwischen der Schnabelspitze und der Stirn des Vogels genauso groß wie der zwischen dem weißen Streifen und den Geschlechtsorganen in den Blüten von *Calceolaria uniflora*. Während ein Vogel sich also am Leckerbissen labt, wird sein Kopf ordentlich mit Pollen eingestäubt. Tapst er dann zur nächsten gedeckten Tafel, streift er die Fracht ab und befruchtet die Blüte.

KURIOS

Charles Darwin entdeckte die Pflanze um 1860 auf einer Reise durch Südamerika – daher ihr Name. *Calceolus* ist Lateinisch und bedeutet »kleiner Schuh«.

Familienbande

Darwins Pantoffelblume ist ziemlich selten und vermutlich schwer aufzutreiben. Sie wird oft unter falschen Bezeichnungen oder auf dem Schwarzmarkt feilgeboten.

Dabei hat die Gattung *Calceolaria* noch mehr zu bieten. Die Garten-Pantoffelblume (*Calceolaria integrifolia* nebst Hybriden) ist eine amüsante nahe Verwandte von Darwins Pantoffelblume mit ballonartigen Blüten in allerlei Farben. Sie war früher der letzte Schrei, ist aber bei Gartenfreunden genau wie *Celosia*, *Cineraria* und eine Reihe weiterer altmodischer Gewächse, die mit einem C beginnen, in Ungnade gefallen. Abwarten – gerade wird Mode aus den 1980ern wieder schick. Warum also nicht auch Gartenschönheiten aus dieser Zeit?

Bei den Glubschaugen von *Calceolaria uniflora* handelt es sich um die pollentragenden Geschlechtsorgane der Blüte.

TRIVIALNAME

»Fliegende-Enten-Orchidee«

WIE GROSS WIRD SIE?
20 cm hoch und 15 cm breit.

WO IST SIE ZU HAUSE?
Ost- und Südaustralien.

WAS IST IHR LEBENSRAUM?
Sandheiden, oft unter Eukalyptusbäumen.

WIE WIRD SIE BESTÄUBT?
Von (arglosen) Insekten.

KANN ICH SIE ZU HAUSE KULTIVIEREN?
Fast unmöglich.

Fake-Identitäten gibt es nicht nur im Internet, sondern auch in freier Natur: Diese Pflanze schmückt sich unverblümt mit falschen Federn. Und dabei trickst sie nicht nur mit ihrem Aussehen. Doch es ist anders, als Sie vielleicht denken.

Denn der Schein trügt. Die Pflanze mag in Ihren Augen aussehen wie eine fliegende Ente. Aber die Natur wollte, dass sie einer weiblichen Sägewespe ähnelt. Nicht nur äußerlich: Das trickreiche Gewächs verströmt sogar einen chemischen Stoff, der dem Sexualpheromon der Wespe ähnelt. Warum der ganze Aufwand?

ENTE GUT, ALLES GUT

Caleana major

BOTANISCHER NAME

Übertölpelt

Sieht und riecht eine arglose männliche Sägewespe die Femme fatale, gerät sie in einen veritablen Liebesrausch. Besonders einladend wirkt das Labellum der Orchidee, also das auffallende, zurückgeschlagene Kronblatt. Das Männchen versucht mit der Blüte anzubandeln und macht sich an eine Scheinbegattung (ich führe das jetzt nicht näher aus).

Durch das Gewicht des Insekts wird das Labellum nach unten gebogen und der Freier gefangen. Entkommen kann er nur, indem er durch die Hintertür flüchtet – vorbei am Pollen. Für eine Sägewespe dürfte es schwerer sein, den Goldstaub einer *Caleana*-Blüte zu vermeiden, als für Flugreisende den Duty-free-Shop am Flughafen.

Nachdem das liebeswütige Tier erst einmal eingestäubt ist, klappt das Labellum wieder zurück. Der Don Juan trägt derweil die Pollenlast auf Bauch und Flügeln ungerührt zum nächsten Date und befruchtet so unwissentlich eine weitere Blüte mit äußerster Effizienz.

Sieht und riecht eine arglose männliche Sägewespe das falsche Weibchen, gerät sie in einen veritablen Liebesrausch.

Vogelwild

Allerdings geht es auch im Partykeller wild zu, denn dort unten ist die Orchidee in festen Händen. Diesmal allerdings sind die Wurzeln beteiligt. Sie leben in einer symbiotischen Beziehung mit einem Pilz, der nur in der Gegend vorkommt, in der auch die »Fliegende-Enten-Orchidee« zu Hause ist. Er schützt die Pflanze vor anderen Pilzen und versorgt sie mit Nähr-

KURIOS

1986 war die fliegende Ente sogar auf einer australischen Briefmarke zu sehen – als Teil einer Viererserie mit heimischen Orchideen.

stoffen. Als Gegenleistung bekommt er von ihr den Zucker aus den Pflanzenwurzeln. Deshalb lässt sich die Orchidee nur sehr schwer züchten, obwohl ich weiß, dass es in einem botanischen Garten in Australien, dessen Namen ich nicht nennen werde, ein paar Exemplare gibt. Die Methode, mit der sie sich kultivieren lässt, ist in etwa so geheim wie das Coca-Cola-Rezept.

Gut versteckt

Caleana major blüht von September bis Januar – in Australien also im Sommer. Mit ihren drahtigen Stängeln und einer Höhe von nur 20 cm ist sie auf den oft rotbraunen Böden der australischen Eukalyptuswälder bestens getarnt und daher kaum auszumachen.

Leider gelten die Wildpopulationen von *Caleana major* inzwischen trotzdem als gefährdet. Durch Zerstörung ihres Lebensraums wird die Art immer seltener – und damit auch ihre Bestäuber, jene armen Sägewespenmännchen, die sich so leicht um den Finger wickeln lassen.

Bei der »Scheinbegattung« landet Pollen auf den Sägewespenmännchen. Mit dieser heimlichen Fracht bestäuben sie gutgläubig weitere Blüten.

TRIVIALNAMEN

Hot Lips, »Kusspflanze«

WIE GROSS WIRD SIE?
1–4 m hoch; sehr wandlungsfähig, kann als Busch oder Kletterpflanze wachsen.

WO IST SIE ZU HAUSE?
Mittelamerika und nördliches Südamerika mit Kolumbien und Ecuador.

WAS IST IHR LEBENSRAUM?
Das Unterholz von Regenwäldern. Eine sehr empfindliche Pflanze, die nur unter ganz bestimmten Bedingungen wächst.

WIE WIRD SIE BESTÄUBT?
Von Kolibris und Schmetterlingen.

KANN ICH SIE ZU HAUSE KULTIVIEREN?
Um Gottes willen, nein.

Mit ihrer kussmundartigen Blüte ist die Pflanze nicht nur ein beliebtes Geschenk zum Valentinstag. Die gespitzten »Lippen« haben ihr eine ganze Reihe ungewöhnlicher Namen beschert – vom harmlosen »Kuss der Freundin« bis zu den nicht mehr ganz so unschuldigen Hot Lips. Sogar als »Mick Jagger« hat man sie schon bezeichnet.

Wer sie aber küssen möchte, muss schnell sein. Denn kaum sind sie lasziv geöffnet, drängen schon weiße Blüten hervor und brechen sich Bahn wie eine Dragqueen auf dem Laufsteg.

Denn bei den Lippen handelt es sich gar nicht um die eigentlichen

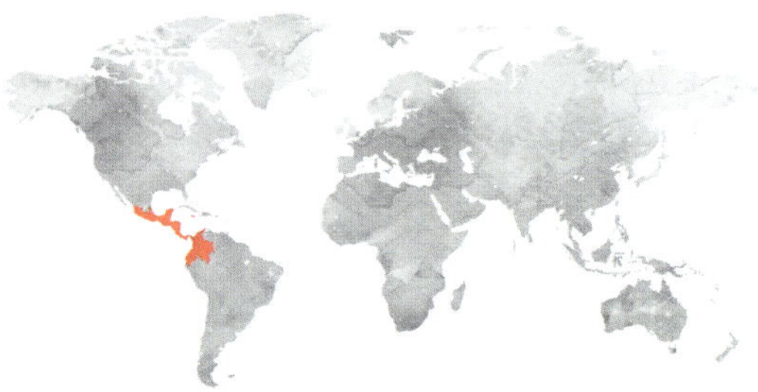

DIE KÜSSENSWERTE

Palicourea elata* Syn. *Psychotria elata

BOTANISCHER NAME

Blüten. Vielmehr sind es umgewandelte »Hochblätter«, die einzig und allein den Zweck haben, Verehrer anzulocken. Eine weitere Pflanze mit solch schmucken Hochblättern ist der Weihnachtsstern.

Palicourea elata gibt es wie menschliche Lippen in unzähligen Formen und Größen. Weil die Blüten nicht duften und im Unterholz wachsen, musste sich die Pflanze etwas einfallen lassen, um aufzufallen. Was ihr auch gelungen ist: Kolibris und Schmetterlinge knutschen liebend gern mit ihr. Rote Lippen soll man eben küssen.

Wenn die geflügelten Freier die eigentlichen Blüten erfolgreich bestäubt haben, reift eine schwarze Beere heran. Wahrscheinlich wird sie von Vögeln vernascht, die ihre unverdauten Reste irgendwo im Wald fallen lassen. Interessanterweise treten die Pflanzen je nachdem, wo sie wachsen, in den unterschiedlichsten Größen und Formen auf. Müssen sie mit Nachbarn um Licht kämpfen, werden sie lang und gebärden sich fast wie Kletterpflanzen. An weniger beengten Standorten hingegen bleiben sie buschiger.

Opfer ihrer Popularität

Man schreibt der Pflanze allerlei heilende Eigenschaften zu. In Nicaragua etwa verwendet man sie, um die Folgen von Schlangenbissen zu lindern. Ihre Wirksamkeit ist jedoch umstritten und beruht auf reinem Volksglauben, denn bislang wurden noch keine medizinischen Versuche durchgeführt. Auch sagt man den Hot Lips psychedelische Wirkung nach, weshalb sie früher oft bei Kulthandlungen zum Einsatz kam.

Die weißen Blüten ragen zwischen den roten »Lippen« der Hochblätter heraus, was die Mundform von *Palicourea elata* zusätzlich betont.

Palicourea gehört zu den *Rubiaceae*, zu denen auch die Kaffeepflanzen gehören.

Abgesehen von ihrer angeblichen Heilwirkung wird *Palicourea elata* auch ihre Beliebtheit als Geschenk zum Valentinstag zunehmend zum Verhängnis. Hinzu kommen die Folgen des Klimawandels und die Zerstörung ihres Lebensraums. Da sie im Unterholz von Regenwäldern wächst, braucht sie die typischen schattigen Bedingungen in diesem Lebensraum und überlebt nirgendwo sonst. Mit der Abholzung der Regenwälder und ihrer Umwandlung in Felder und Weideland gehen genau die Habitate verloren, auf die sie angewiesen ist.

> Kolibris und Schmetterlinge knutschen liebend gern mit ihr. Rote Lippen soll man eben küssen.

Besser viral als real

Wer also das seltene Glück hat, der »Kusspflanze« in freier Natur zu begegnen, lässt sie am besten, wo sie ist. Machen Sie lieber ein Foto von ihr und posten Sie es auf Instagram. Dergleichen geht immer viral – wie bei *Senecio peregrinus*, der Delfinpflanze, die winzige Delfine springen lässt und in Japan über zehntausendmal retweetet wurde.

TRIVIALNAME

Vielgestaltige Holzkeule

WIE GROSS WIRD SIE?
Jeder einzelne Fruchtkörper wird 3–8 cm hoch und 4 cm breit.

WO IST SIE ZU HAUSE?
In Europa und Nordamerika, sie kann aber praktisch überall auftauchen.

WAS IST IHR LEBENSRAUM?
Laubwälder. Bildet sich oft unten an verrottenden und beschädigten Stümpfen.

WIE VERMEHRT SIE SICH?
Die Sporen werden von Fliegen und vom Wind verbreitet.

KANN ICH SIE ZU HAUSE KULTIVIEREN?
Ist nicht einfach. Außerdem kann sie unbemerkt Holzfäule verursachen.

Im Horrorstreifen *Blumen des Schreckens* werden Menschen von Alien-Pflanzen angegriffen. Eigentlich sollte jemand einen Film über reale Pflanzen drehen, die genauso furchterregend sind. Die vielversprechendste Anwärterin auf eine Hauptrolle darin wäre *Xylaria polymorpha*. Sie müssen nur im Wald zur falschen Jahreszeit vom Weg abkommen, schon kann es sein, dass schwärzliche Finger aus dem Waldboden nach Ihnen greifen. Keine Panik, es ist nur ein Pilz, der wächst, wie es ihm eben gegeben ist.

Xylaria polymorpha erscheint in vielen handähnlichen Formen. Seine fünf, manchmal auch mehr oder weniger »Finger« kön-

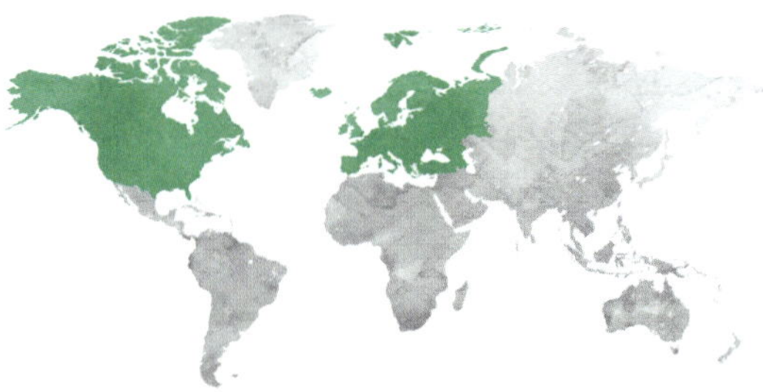

DER ZOMBIE-PILZ

Xylaria polymorpha

BOTANISCHER NAME

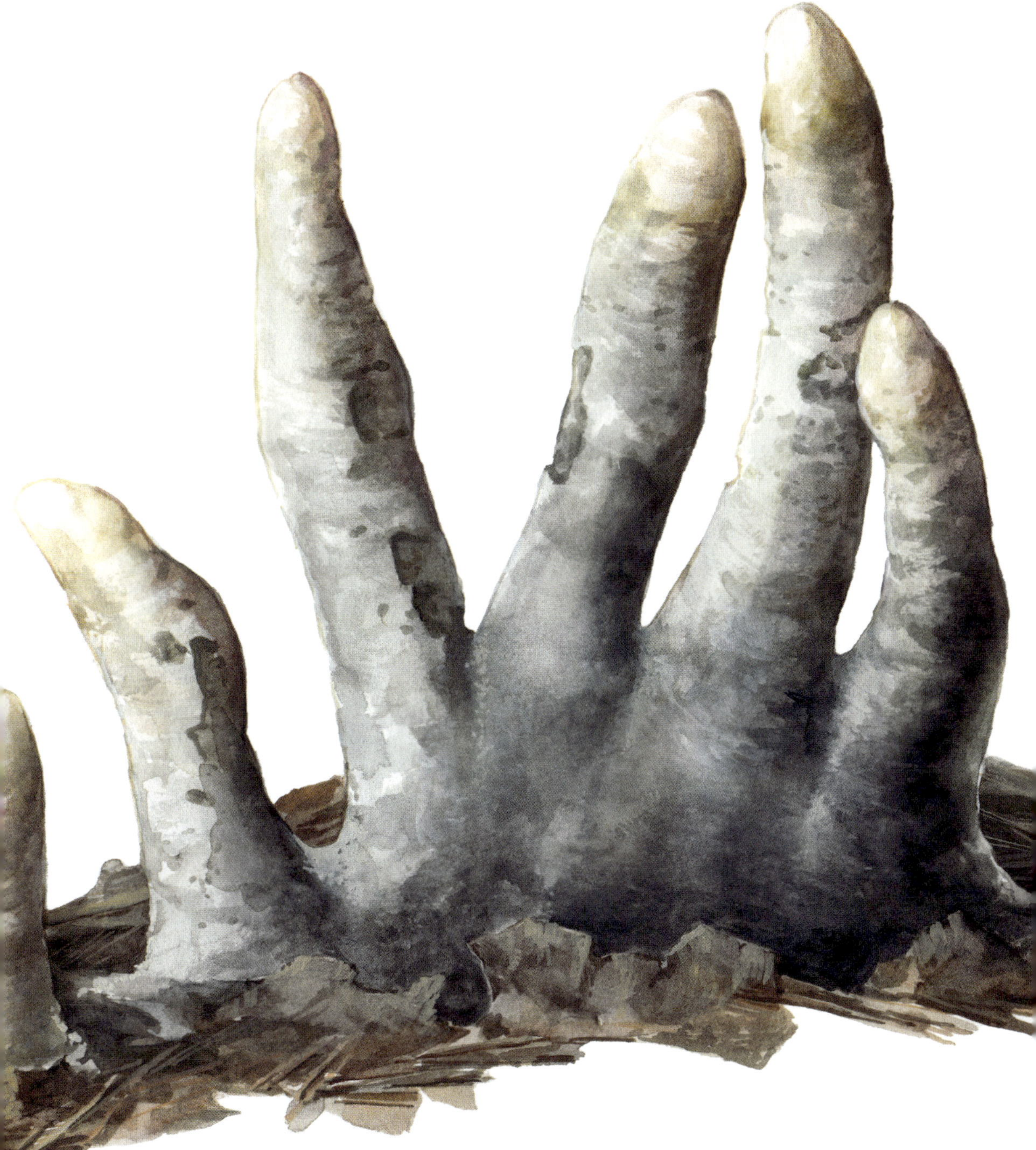

nen dick oder dünn sein. Sicher ist nur eines: Sie sehen gruselig aus. Der Pilz ist ein Kosmopolit, kann also unter günstigen Bedingungen überall auf der Welt wachsen – auch in Ihrem Garten. Seine fadenartigen Organe, Hyphen genannt, breiten sich unterirdisch über große Entfernungen aus und sind mit bloßem Auge kaum sichtbar. Vielleicht durchziehen sie den Boden unter Ihren Füßen, ohne dass Sie es wissen.

Pflanzen kontra Pilze

Nein, eins auf die Finger bekommen Sie bei mir nicht, selbst wenn Sie *Xylaria* als Pflanze bezeichnen. Aber trotzdem sind Pilze keine Pflanzen. Sie unterscheiden sich von ihnen in vielerlei Beziehung – nicht nur in ihrem Aussehen, das nicht von dieser Welt zu sein scheint. Pflanzen brauchen für die Fotosynthese Sonnenlicht, Kohlendioxid und Wasser. Außerdem enthalten sie Chlorophyll, das ihnen ihre grüne Farbe gibt.

Der Pilz ist ein Kosmopolit, kann unter günstigen Bedingungen also überall auf der Welt wachsen.

Pilze haben damit nichts am Hut. Sie wachsen vorwiegend unbeleckt vom Sonnenlicht und bilden ein Geflecht aus Hyphen, das als Myzel bezeichnet wird.

Manche Pilze bilden Sporen. Das sind Keimzellen, aus denen ohne geschlechtliche Vermehrung neue Individuen entstehen. Auch damit unterscheiden sie sich von Pflanzen, bei denen es meist nicht ganz ohne Sex geht.

Da ist was faul

Zurück zu *Xylaria*. Der Pilz ernährt sich von zersetzender Substanz. Deshalb zählt man ihn zu den Saprophyten. Er verwertet abgestorbene organische Reste und gewinnt daraus Energie, versorgt aber gleichzeitig Pflanzen mit Nährstoffen. Die Holzkeule bildet sich an vermodernden Stümpfen, Rindenverletzungen und sogar an den Stielen verrottender Stauden.

Auch in beschädigte Wurzeln dringt der Pilz ein, was zu Wurzelfäule führt und die ganze Pflanze zum Absterben bringen kann. So kurios der Pilz sein mag, er ist zugleich ein Indikator dafür, dass der Baum ein Problem hat. Schwacher Trost: Apfelbäume setzen ein letztes Mal Früchte an, bevor sie ganz absterben.

Gelegentlich ist die Holzkeule sogar in Termitenhügeln anzutreffen. Vermutlich gelangen die Sporen am Körper der Tiere klebend in die Bauten. Sterben die Insekten, genehmigt die Holzkeule sich das teilweise verdaute Material, das sie zurücklassen.

Verwandlungskünstler

Im Laufe seines Lebens verändert *Xylaria polymorpha* mehrfach sein Aussehen (*polymorpha* bedeutet »vielgestaltig«). Junge Holzkeulen sind hell und haben eine weiße Spitze. Im Sommer werden sie dunkler und bis zum Herbst – pünktlich zu Halloween – nehmen sie eine braune bis schwarze Farbe an. Dadurch sind sie im Dunkel des Waldes nur noch schwer zu entdecken. Bis sie unvermutet hinter Ihnen auftauchen und Sie zu Tode erschrecken!

Die Finger können bis zu einem Jahr alt werden und geben immer neue Sporen frei, die mit Wind und Regen – sowie Fliegen – auf eine Reise zum nächsten modrigen Landeplatz gehen.

KURIOS

Der Pilz bevorzugt modernde Ulmen, Ahorne, Buchen und Apfelbäume. Er kann Bäume unvermutet zum Umstürzen bringen. Sein englischer Name lautet übersetzt »Totenfinger«.

TRIVIALNAME

Marmorbeere

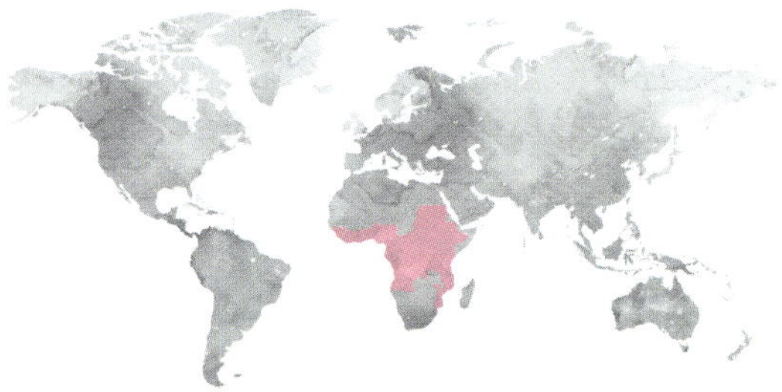

DAS JUWEL DER WÄLDER

WIE GROSS WIRD SIE?
Rund 50 cm hoch.

WO IST SIE ZU HAUSE?
In Afrika vom Kongo bis Angola.

WAS IST IHR LEBENSRAUM?
Der Waldboden.

WIE WIRD SIE BESTÄUBT?
Manche *Pollia*-Arten werden von Schwebfliegen und Bienen bestäubt, womöglich auch diese.

KANN ICH SIE ZU HAUSE KULTIVIEREN?
Eigentlich schon. Sie ist leicht zu kultivieren, aber verdammt schwer aufzutreiben.

Man muss schon ein bisschen ausholen, wenn man erklären will, warum die Beeren dieser Pflanze so unfassbar schillern. Machen Sie es sich also bequem. Zuerst einmal sollten Sie wissen, dass sie gar nicht blau sind, wie es zunächst scheint.

Es ist nämlich so: Die Farbe der Marmorbeere – sie wird oft als die intensivste einer organischen Substanz überhaupt bezeichnet – entsteht durch »strukturelle Färbung«. Auf der Oberfläche jeder winzigen, nur 4 mm großen Beere befindet sich eine glatte, transparente Cuticula. Sie wirft das Licht wie ein Spiegel zurück. Unter der Cuticula befinden sich viele Zellschichten, die keine Farbstoffe haben. Sie reflektieren das Licht lediglich aus vielen verschiedenen Winkeln. Dadurch entstehen mehrere

Pollia condensata

BOTANISCHER NAME

Wir sehen eine Beere, die violettblau schillert, aus jedem Blickwinkel eine andere Farbe hat und manchmal fast gepixelt wirkt.

unterschiedliche Farben. Die runde Form der Früchte begünstigt und intensiviert dieses Phänomen.

Deshalb sehen wir eine glänzende Beere, die violettblau schillert, aus jedem Blickwinkel eine andere Farbe hat und manchmal fast gepixelt wirkt. Cool! Und das Beste: Die Ursache dieses wunderschönen Farbeffekts wurde erst kürzlich entdeckt. 1974 brachte man ein in Ghana entdecktes Exemplar der Marmorbeere in die Königlichen Botanischen Gärten von Kew in London und untersuchte ihre faszinierende Färbung viele Jahre lang.

Die Oberfläche der Beeren spiegelt das Licht in unendlich viele Richtungen wider. So entsteht von Nahem besehen ein Vielfarbeneffekt.

KURIOS

Die strukturelle Färbung, die für die irisierende Wirkung verantwortlich ist, findet sich auch in Pfauenfedern.

Entschlüsselt wurde ihr Geheimnis 2012. Ein Team des Botanischen Gartens der Universität von Cambridge, in dem zufällig mehrere mit mir befreundete Botaniker arbeiten, entdeckte, dass die vielschichtige strukturelle Färbung von *Pollia condensata* von Tausenden winziger Spiegel verursacht wird. Ihre Oberfläche hat rund ein Drittel des Reflexionsvermögens eines silberbeschichteten Spiegels. Sie ist die einzige bekannte Pflanze mit dieser Eigenschaft.

Von unscheinbar zu unvergleichlich

Dabei wirken die Blüten der Marmorbeere ziemlich unscheinbar. Sie sind nicht besonders schön, eher langweilig gefärbt und im Unterwuchs von Wäldern nicht so leicht auszumachen. Nach der Bestäubung allerdings reifen die komplexesten Beeren heran, die die Natur je hervorgebracht hat. Die festen, trockenen, schillernden Kugeln legen sich mächtig ins Zeug, um auf dem dunklen Waldboden möglichst viel Aufmerksamkeit auf sich zu ziehen. Erstaunlicherweise schillern sie auch nach dem Pflücken noch viele Jahre lang weiter.

In Westafrika sind die Beeren seit Langem ein beliebter Schmuck. Die Designerin Maud Traon ging noch einen Schritt weiter und kombinierte die seltenen Früchte mit Metallen und Edelsteinen zu einem Manschettenknopf in unglaublich lebendigen Farben. Das Unikat kostete rund 10 000 Euro.

Vögel fliegen auf die Beeren

Aber nicht nur uns Menschen gefallen die schillernden Schönheiten. Untersuchungen zufolge entstand die Farbe, um Vögel auszutricksen. Denn obwohl die Beeren null Nährwert haben, schnappen die Tiere sich die vermeintlichen Leckerbissen gierig und verbreiten die Samen mit ihren Ausscheidungen. Mitunter schmücken sie sogar ihre Nester mit den Wunderperlen. Eigentlich bescheuert – wer lässt schon Weihnachtsbaumschmuck das ganze Jahr hängen?

TRIVIALNAME

Lebende Steine

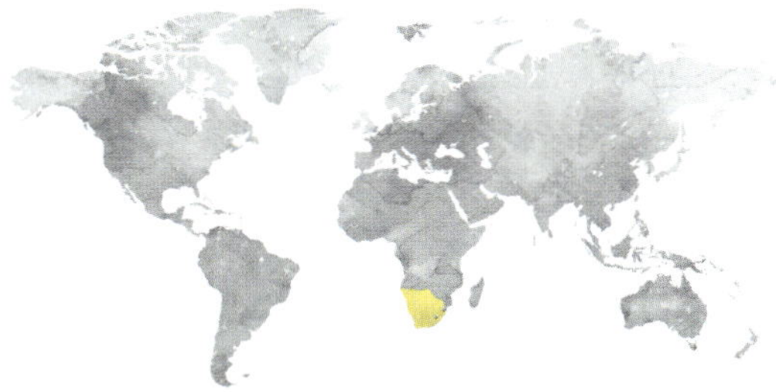

DIE PFLANZE, DIE SICH UNSICHTBAR MACHT

WIE GROSS WIRD SIE?
1–3 cm und 2–8 cm breit.

WO IST SIE ZU HAUSE?
In Südafrika, Botswana und Namibia, von Meereshöhe bis ins Gebirge.

WAS IST IHR LEBENSRAUM?
Trockenrasen, Steppe und felsige Areale (sofern man sie dort entdeckt).

WIE WIRD SIE BESTÄUBT?
Von Insekten oder dem Wind.

KANN ICH SIE ZU HAUSE KULTIVIEREN?
Ja. Würde ich schwer empfehlen. Es macht viel Spaß, sie aus Samen zu ziehen.

Die Arten der Gattung *Lithops* sind ein Musterbeispiel für pflanzliches Mimikry. Sie verstecken sich so gut, dass selbst heute noch neue Arten entdeckt werden.

Lebende Steine sind faszinierende Pflanzen. Sie ziehen es vor, unauffällig zu bleiben, wie wir auf einer jener Partys und Pflicht-Events, aus denen wir uns am liebsten heimlich hinausschleichen würden. Dazu tarnen sie sich als Kiesel, verschmelzen mit ihrer Umgebung und laufen deshalb nicht so schnell Gefahr, hungrigen Pflanzenfressern zum Opfer zu fallen.

Sie bestehen aus einem Paar großer, fleischiger Klumpen, bei denen es sich in

Lithops

BOTANISCHER NAME

Wirklichkeit um Blätter handelt. Allerdings hält sich der Großteil der Pflanzen im Untergrund verborgen – lediglich ihr oberes Ende ist sichtbar. Die Oberfläche jedes Blatts besteht aus einem teilweise durchscheinenden »Fenster«, durch das Licht in tieferliegende Schichten fällt, damit die Pflanze Fotosynthese betreiben kann.

Als ich acht Jahre war, hatte ich eine Sammlung Lebender Steine, die ich überwiegend aus Samen gezogen hatte.

Aber diese Fenster haben nicht irgendeine Farbe. Jede *Lithops*-Art imitiert exakt die Steine, zwischen denen sie wächst. Selbst in Grasland versuchen die Pflanzen optisch mit dem Boden zu verschmelzen. Deshalb variiert die Zeichnung sehr stark, was sie zu begehrten Sammlerobjekten macht. Als Sukkulenten sind sie zudem wie geschaffen für Anfänger. Ihr verdicktes, fleischiges Gewebe speichert Wasser sehr gut. Als ich acht Jahre alt war, hatte ich eine fantastische Sammlung Lebender Steine, die ich überwiegend aus Samen gezogen hatte. Es war eine wahre Freude zuzusehen, wie sie vom Sämlingsstadium zur ausgewachsenen Pflanze heranwuchsen – so wie ich damals.

Probieren Sie's aus

Lebende Steine faszinieren Sie? Schön. Aber ich weiß schon jetzt, dass Sie Ihr erstes Exemplar killen werden – vor lauter Liebe. Denn meistens werden die Dinger zu stark gewässert. Vergessen Sie nicht, dass sie in freier Natur ihren Flüssigkeitsbedarf ausschließlich mit Tau decken. Und im Winter wachsen sie überhaupt nicht, sodass man die Gießkanne in dieser Zeit in die

Ecke stellen kann. Lassen Sie die Lebenden Steine einfach bis zum Frühjahr in Ruhe. Aber auch dann dürfen Sie sie noch nicht gießen. Sie überleben Bedingungen, die wesentlich rauer sind als die auf Ihrer behaglichen Fensterbank. Minimales Wässern einmal im Monat reicht daher völlig.

Überra-ha-schung!

Die größte Überraschung aber ist die Blüte. Neigt sich der Sommer dem Ende zu, teilen sich die Blätter und eine Knospe schiebt sich dazwischen hervor. Daraus entwickelt sich bald eine strahlende Blüte. Sie kann weiß oder gelb, aber auch orange oder rot sein. Ein wenig duftet sie sogar. Anschließend bildet sich eine trockene Samenkapsel, die sich vom Wind verwehen lässt. Landet ein Regentropfen auf ihr, schießt sie ihre Ladung durch die Gegend wie ein James-Bond-Bösewicht seine Munition vom Beifahrersitz eines Aston Martins aus.

Sogar als Stimmungsmacher auf Partys lassen sich Lebende Steine einsetzen. Es macht viel Spaß, möglichst ähnliche Kiesel zu finden und dann zu sehen, ob die Gäste Stein und Pflanze auseinanderhalten können. Probieren Sie es aus, dann wissen Sie, warum immer noch neue Arten dieser sonderbaren »Kiesel« gefunden werden.

KURIOS

Der Name Lithops setzt sich aus dem altgriechischen *lithos* für »Stein« und *opsis* für »Aussehen, Gesicht« zusammen.

Im Sommer schieben Lebende Steine eine Blüte zwischen ihren »Oberlicht«-Blättern hervor.

TRIVIALNAME

Tulpenorchidee

WIE GROSS WIRD SIE?
40–60 cm hoch und bis zu 50 cm breit.

WO IST SIE ZU HAUSE?
In Südamerika, vorwiegend in Venezuela und Kolumbien.

WAS IST IHR LEBENSRAUM?
Waldboden in Höhenlagen. Ist manchmal auch auf moosbewachsenen Felsen und anderen Pflanzen zu finden.

WIE WIRD SIE BESTÄUBT?
Fast nur von männlichen Prachtbienen.

KANN ICH SIE ZU HAUSE KULTIVIEREN?
Klar. Ich wünschte, ich hätte eine.

Darf ich vorstellen: die Tulpenorchidee, eine meiner liebsten Pflanzen überhaupt. Sie gehört zu den Orchideen, einer Familie, deren Mitglieder zu den vielleicht anpassungsfähigsten Gewächsen der Welt zählen. Orchideen wissen besser über die Sache mit den »Bienchen und Blümchen« Bescheid als jeder pubertierende Teenager. Kurzum: Sie sind wahre Sexbomben, zeigen ihre Geschlechtsorgane schamlos und entsenden auch noch ein verführerisches Parfüm, mit dem sie allerlei tierische Freier anziehen. Um zu bekommen, was sie wollen, können sie vielerlei Gestalt annehmen.

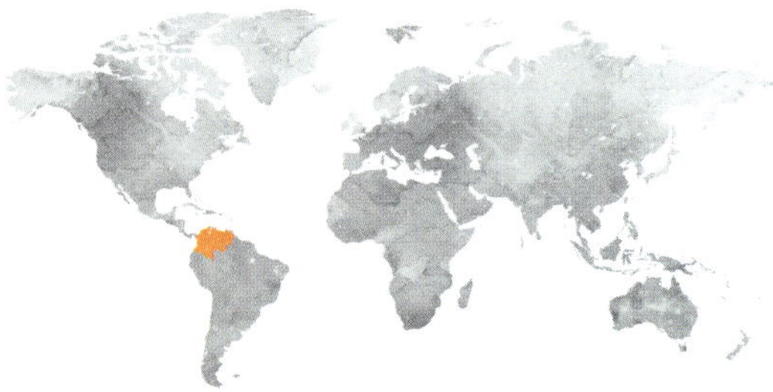

DIE PFLANZE, DIE DAS KIND SCHON SCHAUKELT

Anguloa clowesii

BOTANISCHER NAME

Anguloa clowesii beispielsweise ist nicht im Mindesten scheu und zurückhaltend. Sie kommt von Venezuela bis Peru in hoch gelegenen Wäldern vor. Ihre imposanten Blätter können bis zu 1m lang werden. Zu ihnen gesellen sich bald nach dem Austrieb zwei Blütenstängel, die sich aus dem fleischigen, zwiebelähnlichen Ansatz schieben und tulpenähnliche Blüten von umwerfender Schönheit hervorbringen.

Farbe und Duft

Die Blüten der Gattung *Anguloa* setzen sich mit großartigen Pastellfarben in Szene. *Anguloa clowesii* etwa trägt einnehmend buttergelbe Blüten. Sobald sie geöffnet sind, liegen auch ihre inneren Teile offen da. Sie sehen fast aus wie ein weinendes Baby, das seine Arme ausstreckt, um in seiner Wiege Aufmerksamkeit zu bekommen. Ich mag diese »Drama-Queen«.

Die 8 cm großen Blüten halten viele Monate lang. Damit haben potenzielle Bestäuber genug Zeit, ihr einen Besuch abzustatten. Wie so viele Orchideen lockt sie ihre Verehrer mit einem faszinierenden Duft an, einer schweren Mischung aus Kokosnuss-, Pfefferminz- und Schokoladenaromen, die unter Weinkennern zu ausgedehnten Diskussionen führen würde.

Besonders eine Tiergruppe spricht sie mit ihrem Wohlgeruch an: männliche Prachtbienen. Die äußeren Lippen der Blüten dienen den Tieren als Landestreifen. Von dort krabbeln sie auf der Suche nach einem Abenteuer in die schmale Öffnung. Die Lippe befindet sich direkt über den Geschlechtsorganen der Blüte. Landet eine Biene darauf, gerät die Blüte aus dem Gleichgewicht und kippt leicht nach vorn. Dabei gerät das Insekt unter eine Pollendusche. Anschließend kann es weiterziehen – am besten zu einer weiteren *Anguloa-clowesii*-Blüte, in die es ebenfalls kriecht und die es bei dieser Gelegenheit mit seinem schicken Pollennegligée bestäubt.

Der faszinierende Duft, eine schwere Mischung aus Kokosnuss-, Pfefferminz- und Schokoladenaromen, würde unter Weinkennern zu ausgedehnten Diskussionen führen.

Benannt ist die Gattung *Anguloa* nach Francisco de Angulo, einem berühmten Orchideensammler des 19. Jahrhunderts.

Liebesschaukel

Dank einer großen Pflanzung der britischen Orchideengesellschaft anlässlich der Chelsea Flower Show vor einigen Jahren hatte ich die Gelegenheit, höchstpersönlich Zeuge dieses Bestäubungsmechanismus zu werden. Weil aber weit und breit keine Prachtbiene zu sehen war, habe ich ein bisschen nachgeholfen und die Liebesschaukel in Bewegung gesetzt. Die Gelegenheit konnte ich mir schließlich nicht entgehen lassen!

Wegen ihrer glänzenden Blätter und rundlichen Blüten an kräftigen Stängeln kann man *Anguloa clowesii* durchaus mit Tulpen verwechseln.

ERFOLGS-TYPEN

03

In unserer ultramodernen Welt wird gern vergessen, woher Produkte kommen, ganz gleich, ob es sich um Nahrungsmittel oder Rohstoffe handelt. In diesem Kapitel befassen wir uns mit einigen der wirtschaftlich erfolgreichsten Pflanzen unseres Planeten. Ohne sie würde unser Leben anders verlaufen. Dennoch wissen wir nur sehr wenig über sie.

TRIVIALNAME

Teestrauch

WIE GROSS WIRD ER?
In freier Natur 6 m hoch und 2,5 m breit. Kultivierte Exemplare werden für gewöhnlich auf 1 m Höhe begrenzt, damit sie sich leichter beernten lassen.

WO IST ER ZU HAUSE?
Zwischen Myanmar und China entdeckt, ist er auch in anderen Regionen Asiens beheimatet.

WAS IST SEIN LEBENSRAUM?
Nährstoffreiche, feuchte Standorte. Höhenlagen fördern den Teegeschmack.

WIE WIRD ER BESTÄUBT?
Überwiegend von kleinen Fliegen.

KANN ICH IHN ZU HAUSE KULTIVIEREN? Ja, wie viele Kamelien.

Briten wissen es und auch die Wissenschaft hat es bestätigt: Tee ist »die Antwort auf alles«. Millionen weitere Teetrinker rund um den Globus sind ebenfalls dieser Meinung. Damit ist Tee der beliebteste Muntermacher der Welt, angefangen von einem frisch gemixten *masala chai* in Mumbai bis zu einem kalten Milchtee im Stadtteil Mongkok in Hongkong.

Sie werden beide aus Schwarztee aufgegossen, doch *Camellia sinensis* kann viel mehr. Die Blätter werden für grünen, weißen, gelben oder Oolong-Tee geerntet; verschiedene Verarbeitungsmethoden führen dann zu unterschiedlichen Ergebnissen.

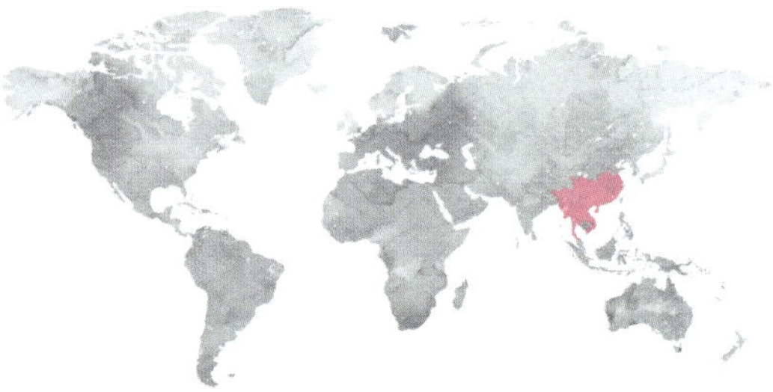

ANBAUEN UND TEE TRINKEN

Camellia sinensis

BOTANISCHER NAME

Die geernteten Blätter lassen sich auf vielerlei Arten trocknen und verarbeiten. So gibt es schwarzen, weißen, grünen oder Oolong-Tee.

Grüner Tee beispielsweise wird aus jungen Blättern gewonnen, die man erhitzt und dann trocknet. Er wird weniger behandelt als andere Tees und ist gesünder.

In einer Höhe von 1500 m wachsen Teesträucher langsamer, liefern aber Blätter mit besserem Geschmack.

Im Lauf der Jahre avancierte Tee zu einer Art kulturellem und wirtschaftlichem Kitt, der die Welt zusammenhält und dank historischer und moderner Handelsbeziehungen eine wichtige Rolle bei der Zusammenführung von Ost und West spielt.

Der früheste Beleg für Teekonsum sind Blätter, die im Mausoleum des Kaisers Jingdi der westlichen Han-Dynastie gefunden wurden und aus dem 2. Jahrhundert v. Chr. stammen.

Von Hand geerntet

Die Ernte von Teeblättern lässt sich nur schwer mechanisieren. Deshalb kursieren so viele Bilder von Erntehelfern, die in den Hügeln dieser harten Arbeit nachgehen. In einer Höhe von 1500 m über dem

Meeresspiegel wachsen Teesträucher langsamer, liefern aber Blattspitzen mit besserem Geschmack. Ihre Höhe wird auf 1 m beschränkt, um einen flachen »Erntetisch« zu bekommen. Am gefragtesten sind die obersten Blätter und Knospen, die einmal in der Woche abgezwickt werden. Sie enthalten viele Nährstoffe, schmecken angenehmer und haben eine bessere Textur als älteres Laub. Die besten Teepflücker schaffen 35 kg am Tag, was 9 kg schwarzen Tee ergibt. Keine Maschine kann da mithalten.

Camellia sinensis lässt sich leicht zu Hause anbauen – allerdings im Topf, denn winterhart ist der Strauch nicht. Er braucht feuchte, leicht saure Substrate. Die hübsche Pflanze mit ihrem glänzenden Laub öffnet ihre weißen, duftenden, 4 cm großen Blüten im Oktober. Manchen dürften sie bekannt vorkommen, denn der Teestrauch ist nah mit den beliebten Zierkamelien verwandt.

Die perfekte Tasse Tee

Wie bereitet man den perfekten Tee aus einer selbst gezogenen Pflanze zu? Zupfen Sie von jedem Zweig die beiden obersten Blätter mit Knospe ab und lassen Sie sie 24 Stunden welken. Dann rollen Sie die Blätter von Hand, damit der Saft freigesetzt wird. Sie kommen auf ein Backblech und werden bei 200 °C 15 Minuten lang im Ofen getrocknet. Anschließend dreht man auf 130 °C zurück und trocknet sie noch einmal 10 Minuten im Ofen. Gießen Sie kochendes Wasser über die Blätter und schmecken Sie den Tee nach dem Ziehenlassen und Abseihen mit Milch oder Zitrone ab.

Weil wir gerade bei der Tea-Time sind: Mein Lieblingskuchen ist der mit Tee zubereitete Bara Brith aus Wales. Angeblich gelangte der Tee einst aus Versehen in die Mixtur. Heute werden die Trockenfrüchte für den Teig vorab in Tee eingeweicht, damit sie den typischen Geschmack annehmen. Als ich beim letzten Mal durch die walisischen Hügel gewandert bin, um Sonnentau zu finden, hatte ich als Energieriegel ein riesiges Stück Bara Brith dabei. Ich liebe seinen Geschmack und die feuchte Konsistenz.

Kurzum: Tee ist etwas Großartiges. Als eingefleischter Kaffeetrinker komme ich tatsächlich ins Grübeln, ob ich nicht konvertieren sollte.

KURIOS

In Hongkong gibt es ein Getränk namens Yuenyeung, eine Mischung aus Tee und Kaffee. Es wurde in den 1950er-Jahren als Energydrink für Arbeiter erfunden und ist sehr beliebt.

TRIVIALNAME

Amerikanische Baumwolle

WIE GROSS WIRD SIE?
2 m hoch und ebenso breit.

WO IST SIE ZU HAUSE?
In Mexiko, der Karibik und Teilen Süd- und Mittelamerikas.

WAS IST IHR LEBENSRAUM?
Semiaride Regionen.

WIE WIRD SIE BESTÄUBT?
Von Insekten.

KANN ICH SIE ZU HAUSE KULTIVIEREN?
Ja, aber Sie brauchen einen heißen Sommer. Toi, toi, toi.

Wenn ich Baumwollkleidung anhabe, fühle ich mich unbesiegbar. Oder zumindest wohl. Baumwolle ist ein weltweit geschätzter Stoff, der sich angenehm trägt, atmungsaktiv ist (was für ein wunderbares Wort) und lange hält (allerdings nicht gerade dann, wenn ich mich im weißen T-Shirt spontan in Gartenarbeit stürze).

Deshalb überrascht es nicht, dass Baumwolle zu den wirtschaftlich wichtigsten Pflanzen gehört. 90 % der Ernte stammen von *Gossypium hirsutum*, einem Gewächs von imposantem Wuchs. Es trägt handförmiges Laub und seidige, weiß-gelbe Blüten, meist mit rotem Auge. Wenn sie abfallen,

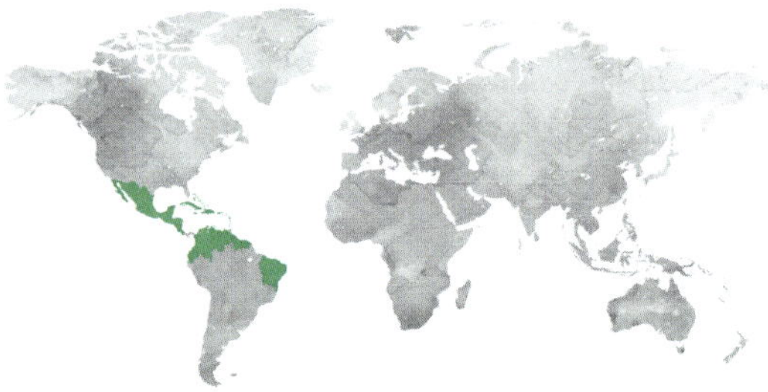

EIN TRAGBARES GEWÄCHS

Gossypium hirsutum

BOTANISCHER NAME

reifen dicke Kapselfrüchte heran. Sie geben nach dem Aufplatzen einen flauschigen weißen Inhalt frei, in dem die Samen verborgen sind. In diesem Stadium sehen die Triebe so schön aus, dass sie sogar von Floristen für Sträuße genutzt werden.

Die watteartigen Faserbällchen unterstützen die Verbreitung der Samen mit dem Wind. Sie sind es, die geerntet werden. Wie Kaffee und Tee wird Baumwolle noch immer vorwiegend von Hand gepflückt, da so der Ertrag höher und die Baumwolle von besserer Qualität ist. Längere Fasern werden bevorzugt und zu Garn gesponnen. Aus ihnen webt man alle möglichen Stoffe, etwa für Hemden, T-Shirts und Unterwäsche (sicher wäre es den Pflanzen einst nie in den Sinn gekommen, dass sie einmal die Blöße von Menschen bedecken müssen).

Nicht nur für Stoffe

Aber Baumwolle wird nicht nur für Kleidung gebraucht. Die Samen enthalten viele Öle und sind eine wertvolle Eiweißquelle, weshalb man sie als Tierfutter verwertet. Allerdings sind sie giftig, müssen also vorher sorgfältig verarbeitet werden. Geröstete Baumwollsamen mahlt man gelegentlich zu Kaffeeersatz, während Baumwollöl unter anderem in der Küche oder in Haut-

Baumwollblüten sind nach dem Öffnen weiß bis gelblich. Sobald sich die Pollen verbreitet haben, werden sie aber rötlich und welken. Einen Tag später fallen sie ab.

KURIOS

Eine typische Baumwollplantage liefert 340 kg Baumwolle pro Hektar. Das reicht für rund 300 Garnituren aus T-Shirt und Jeans.

pflegeprodukten Verwendung findet. Selbst der Ölkuchen – die Rückstände, die nach der Extraktion des Öls übrig bleiben – wird noch als Dünger verwertet.

Ihr schlechter Ruf

Die Erfolgsstory der Baumwolle gründet sich leider auch auf Sklavenarbeit. Zwar versuchen viele Organisationen am Image zu feilen, doch haftet der Baumwollindustrie bis heute der Ruf an, Arbeitskräfte auszubeuten. Hinzu kommt der nach wie vor massive Einsatz von Düngern und Pestiziden. Es heißt, auf Baumwolle würden mehr Chemikalien landen als auf jeder anderen Nutzpflanze. Dadurch konnte sie sich zwar über die Jahre der Konkurrenz künstlicher Fasern erwehren. Inzwischen steigt man aber doch allmählich auf umwelt- und tragefreundlichere Stoffe um.

Wer hätte gedacht, dass Baumwolle einmal die Blöße von Menschen bedecken würde?

Um Ihr eigenes T-Shirt anzubauen, müssen Sie in einem warmen Klima leben. Baumwolle braucht bis zur Blüte 100 Tage gutes Wetter und noch einmal 80 Tage, bis die Kapseln braun werden und die Fasern freigeben. Ich muss wohl doch ohne T-Shirt Marke Eigenanbau rumlaufen.

TRIVIALNAME

Echter Kakaobaum

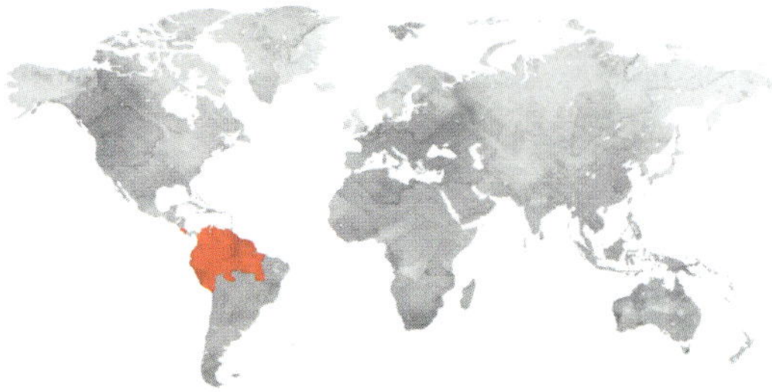

DER SCHOKO-BAUM

WIE GROSS WIRD ER?
Gut 5 m hoch.

WO IST ER ZU HAUSE? In Costa Rica und dem nördlichen Südamerika.

WAS IST SEIN LEBENSRAUM?
Der schattige Unterwuchs von Wäldern.

WIE WIRD ER BESTÄUBT?
Von winzigen Insekten, genauer gesagt *Forcipomyia*-Mücken.

KANN ICH IHN ZU HAUSE KULTIVIEREN?
Setzlinge lassen sich zu dekorativen Zimmerpflanzen heranziehen. Allerdings ist es unwahrscheinlich, dass Sie irgendwann Kakaobohnen ernten werden.

Mein Lieblingsschokoriegel war immer schon der Double Decker. Er ist eine Mischung aus Nugat und Cerealien mit zartem Vollmilchschokoladenüberzug und in einer großen britischen Supermarktkette erhältlich. Der botanische Name des Kakaobaums dagegen setzt sich aus *theos* für »Gott« und *broma* für »Essen« zusammen, was etwa »Speise der Götter« bedeutet. Ich bin sicher, viele würden dem zustimmen, vor allem wenn sie es sich an einem Samstagabend mit einer heißen Schokolade unter der Decke gemütlich machen.

Der Kakaobaum selbst mag ein wenig unscheinbar wirken, vor allem da er auch

Theobroma cacao

BOTANISCHER NAME

Kakaobäume sind kauliflor. Das heißt, dass die Blüten direkt am Stamm und an den Ästen sitzen.

bevorzugt im Unterholz von Wäldern vorkommt, aber seine Blüten sind atemberaubend und jede für sich ein bezauberndes Sternchen. Sie öffnen sich das ganze Jahr über und sprechen mit ihrer zierlichen Struktur vor allem Mücken an. Gleichwohl bleibt die Bestäubungsrate haarsträubend gering, denn manche Pflanzen sind (wie manche Menschen) etwas faul, was besonders für den Kakaobaum gilt: So liefert ein einziges Exemplar bei rund 6000 Blüten pro Jahr gerade einmal 20 Früchte.

Die Mokaya genossen Kakao als alkoholisches Getränk und kombinierten ihn mit Mais, Chili, Vanille und Honig.

Bohnen in allerlei Farben

Eine weitere Besonderheit des Kakaobaums ist die Farbenvielfalt seiner Bohnen. Sie kommt durch den Reifeprozess zustande oder ist das Ergebnis unterschiedlicher Sorten. Die Palette reicht von Rot bis Gelb mit allen Orangetönen dazwischen.

Die Früchte reifen nicht alle gleichzeitig, sondern über einen langen Zeitraum hinweg. Erntehelfer schneiden sie mit Macheten vom Baum, achten aber darauf, bestehende Blüten dabei nicht zu beschädigen. Zudem müssen sie sich sputen, sonst kommen ihnen die Affen zuvor.

Die Bäume beginnen im Alter von vier bis fünf Jahren erstmals Früchte zu tragen. Sie gedeihen am besten in feuchten Regenwäldern. Mitunter breiten sie sich so eifrig aus, dass sich aufgegebene Plantagen und Wildkolonien fast nicht mehr unterscheiden lassen, denn die Nutzpflanzenkulturen wachsen so gut ein, dass sie praktisch mit dem Waldökosystem verschmelzen.

Alle Kulturkakaobäume scheinen von Exemplaren abzustammen, die vor rund 3600 Jahren in Mittelamerika wuchsen. Sie werden heute in drei Hauptsorten unterteilt: Criollo, Forastero und Trinitario. Den besten Ruf genießt Criollo, eine Sorte, die schon die Maya angebaut haben. Sie hat ein angenehmeres, weniger bitteres Aroma als die anderen. Trotzdem ist sie nur in 10 % aller Schokoladen enthalten, während Forastero einen Anteil von 80 % hat, da sie robuster und widerstandsfähiger gegen Krankheiten ist.

1502 sah Kolumbus von einem Kanu aus einen Haufen aus Kakaobohnen. Er nahm an, dass es sich um Mandeln oder Ziegenmist handelte, und ließ sie links liegen. Somit verkannte er leider völlig ihr Potenzial.

Die Geschichte der Schokolade

Theobroma cacao wurde vermutlich zwischen 1500 und 300 v. Chr von den Olmeken in Mexiko erstmals als Kulturpflanze genutzt, aber aller Wahrscheinlichkeit nach zu einem einfachen Brei verarbeitet, der nur wenig mit der Schokolade von heute gemein hatte.

In der Ausgrabungsstätte von Chiapas in Mexiko wurden der Mokaya-Kultur zuzurechnende Keramikgefäße mit Kakaoresten aus der Zeit um 1900 v. Chr. gefunden. Möglicherweise genossen die Mokaya Kakao in Form eines alkoholischen Getränks: Die frühen Bartender reichten ihn mit Mais, Chili, Vanille oder Honig gemixt als Zeremonialtrunk, Arznei oder Speise.

Jahrhunderte später machten die Maya aus den Bohnen ein ungesüßtes Getränk, das aber nur der Elite zur Verfügung stand. Als sie in das nördliche Südamerika und nach Mesoamerika vordrangen, legten sie dort eine der frühesten Plantagen an.

Als erster Europäer kam der spanische Konquistador Hernán Cortés 1519 mit Kakao in Berührung. Binnen eines Jahrhunderts verbreitete er sich in ganz Europa und wurde langsam zum Massengetränk.

Wissenschaft als Rettung

Kakaobohnen bleiben nicht lange keimfähig. Deshalb lassen sie sich nur in Form einer Feld-Genbank aus lebenden Pflanzen erhalten. Aus manchen Plantagen wurden dadurch »lebende Bibliotheken«.

Der Klimawandel erfordert die Entwicklung neuer, flexiblerer Sorten. Ein entsprechendes Züchtungsprojekt wird vom International Cocoa Quarantine Center im britischen Reading realisiert. Ich kann mir gut vorstellen, dort als Kakaotester zu arbeiten. Genuss ohne Reue.

Noch heute gibt es mehr kleine Kakaobauern als große industrielle Plantagen. Der Anbau lässt sich kaum mechanisieren, denn ohne sorgfältige Ernte geht es nicht. Da die Branche überdies sehr arbeitskräfteintensiv ist, braucht es Transparenz in der gesamten Versorgungskette und Fair-Trade-Bedingungen.

Gute Nachricht für die Umwelt: Die gemahlenen Schalen machen zurzeit als Gartenmulch Karriere. Und auch die Reste aus der Schokoladenherstellung werden nicht weggeworfen, sondern zu Gelee, Saft oder Creme verarbeitet und sogar zu einem alkoholischen Getränk vergoren.

TRIVIALNAMEN

Arabica-Kaffee, Bergkaffee

WIE GROSS WIRD ER?
In freier Natur bis zu 12 m hoch und 2,5 m breit. Kulturpflanzen werden aber meist auf 2 m beschränkt, damit sich die Kirschen leichter von Hand ernten lassen.

WO IST ER ZU HAUSE?
Äthiopien, Sudan und Kenia.

WAS IST SEIN LEBENSRAUM?
Der Unterwuchs von Wäldern.

WIE WIRD ER BESTÄUBT?
Die Pflanzen sind selbstbestäubend.

KANN ICH IHN ZU HAUSE KULTIVIEREN?
Möglich, aber die Chancen sind gering.

Ich kann in meiner Doppelhaushälfte sechs verschiedene Kaffeevarianten servieren: Espresso und Filterkaffee, Kaffee aus der French Press und Mokka aus dem Briki, vietnamesischen Eiskaffee und heißen japanischen Drip Coffee aus dem Brühbeutel, was immer Sie möchten. Aber niemals Instantkaffee. Auch nicht den aus Kapseln. Da bin ich eigen.

Kaffee gehört zu den wertvollsten Kulturpflanzen der Welt. Ich denke, Koffeinabhängigkeit spielt dabei eine große Rolle. Es gibt über 100 Arten, ferner einige Hybriden aus Afrika, Madagaskar, dem tropischen

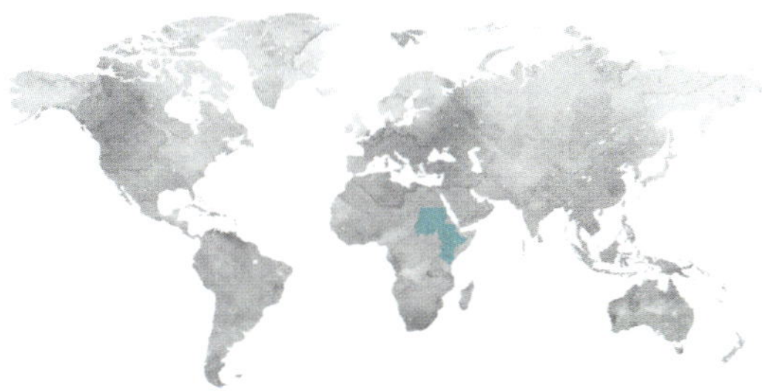

DER BAUM MIT DEN BOHNEN

Coffea arabica

BOTANISCHER NAME

Kaffeekenner können genauso nerven wie Weinkenner, wenn sie von diversen Geschmacksnuancen und Düften schwärmen.

Bevor die »Kirschen« mit den Bohnen reifen, öffnet die Pflanze Büschel aus weißen, jasminartigen, selbstbestäubenden Blüten.

Asien und Australasien. Rund 60 % der weltweiten Produktion stammen von *Coffea arabica,* der Art, um die es hier geht. Die restlichen 40 % sind *Coffea canephora,* der nicht so fruchtig und leicht bitter schmeckt.

Als erste Art wurde *Coffea arabica* genutzt. Sie hat ihren Ursprung angeblich in Äthiopien und wurde sowohl in Afrika als auch im Jemen angebaut. Von dort aus verbreitete sie sich im frühen 18. Jahrhundert und gelangte nach Indonesien.

Coffea arabica ist eine natürliche Hybride aus *Coffea canephora* und *Coffea eugenioides*. Sie entstand vor einer Million Jahren durch Veränderung der Umweltbedingungen in Ostafrika. Arabica-Bäume wachsen in Höhenlagen über 600 Meter und in tropischen Regionen.

Die Blüten des Baums duften intensiv und sind selbstbestäubend, obwohl oft Bienen mithelfen. Sie öffnen sich in großer Zahl. Mitunter übertreibt es der Baum mit der Blüte derart, dass das Ganze auf Kosten seiner Gesundheit geht. In Kultur müssen Blüten und Früchte daher von Hand ausgedünnt werden, da sonst die Gefahr besteht, dass die Pflanze zu schwach wird.

Nach dem Verblühen bilden sich die sogenannten »Kirschen« oder »Beeren«. Sie sind etwa 1 cm groß und enthalten jeweils zwei Samen, die eigentlichen Bohnen. Die Kirschen durchlaufen etliche Farbstadien von Grüngelb über Rot bis zu einem dunklen, sinnlichen Rotbraun. Leider werden sie zu unterschiedlichen Zeiten reif, weshalb Handlese bevorzugt wird. Es gibt auch eine gelbfruchtige Sorte – wann geerntet werden kann, verursacht Kaffeebau-

KURIOS

Als bester Kaffee der Welt gilt Kopi Luwak. Seine Bohnen werden von Schleichkatzen gefressen und wieder ausgeschieden. Man sammelt und röstet sie. Kackuccino gefällig?

ern also viel Kopfzerbrechen. Um die Ernte zu vereinfachen, lässt man die Kulturpflanzen in der Regel nicht höher als 2 m werden.

Nach der Lese werden die Kirschen zerdrückt, um die Bohnen zu gewinnen, die man einen Monat lang auf Matten in der Sonne trocknet, bis sie einen Feuchtigkeitsgehalt von nur noch 10 % haben. Erst dann sind sie reif zum Rösten und Mahlen.

Kaffeesnobs

Meiner Erfahrung nach können Kaffeekenner genauso nerven wie Weinkenner, wenn sie von den diversen Geschmacksnuancen und Düften der Mischungen schwärmen. Den besten Ruf genießen Bohnen von Java und Sumatra in Indonesien, denn sie haben viel Körper und wenig Säure. Aus Gründen der Ausgewogenheit werden sie oft mit säurereicheren Kaffees (meist aus Mittelamerika und Ostafrika) verschnitten. Sie dürfen gern einen Kaffeeexperten fragen, müssen aber damit rechnen, dass er Ihnen alles in blumigsten Tönen beschreibt.

Anpassung an eine Welt des Wandels

Obwohl Kaffeepflanzen in Afrika, Lateinamerika, Südostasien und China umfassend verwildern, geraten sie immer mehr unter Druck. Am meisten setzt ihnen die Abholzung der Wälder zu, denn sie sind ihr angestammter Lebensraum. Hinzu kommt, dass die Samen sich nicht lagern lassen und daher nur lebende Bäume erhalten werden können. Immerhin züchtet man zurzeit neue Sorten, die höhere Temperaturen, längere Trockenperioden und übermäßige Niederschläge besser aushalten.

Noch nie gehört haben Sie vielleicht (wie ich) von Schattenkaffee. Der Anbau im Schatten größerer Gehölze ist ein nachhaltigerer Weg, Kaffee zu gewinnen, weshalb man in Zukunft sicher mehr davon hören wird. Durch das komplexe Zusammenspiel vieler Arten bekommt der Kaffeebaum seine Nährstoffe auf natürliche Weise und braucht keinen Dünger. Schattenpflanzen werden doppelt so alt wie ihre Verwandten in der Sonne, was kein Wunder ist, denn sie sind im Unterwuchs zu Hause und bevorzugen Streuschatten. Die Kronen der höheren Gehölze schützen sie außerdem vor Frost. Kaffeekenner behaupten, Schattenkaffee schmecke auch besser.

Kaffee zu Hause selbst anzubauen ist fast unmöglich. Als Zimmerpflanze aber ist der Kaffeebaum mit seinen hübsch geäderten, glänzenden Blättern ein Genuss.

TRIVIALNAME

Ananas

WIE GROSS WIRD SIE?
Etwa 1 m hoch und 30 cm breit.

WO IST SIE ZU HAUSE?
Vom Einzugsgebiet des Paraná in Paraguay bis ins nördliche Südamerika.

WAS IST IHR LEBENSRAUM?
Tropenwälder.

WIE WIRD SIE BESTÄUBT?
In freier Natur von Kolibris, in Kultur von Hand.

KANN ICH SIE ZU HAUSE KULTIVIEREN?
Ja. Das obere Ende einer Ananas abschneiden und gleich einpflanzen.

Ananas waren im Lauf der Jahrhunderte in viele geschichtliche Ereignisse verwickelt, ob es um Rivalitäten zwischen Adelsgeschlechtern oder den Drogenhandel ging. Als (während ich das hier schreibe) drittwichtigstes Obst im weltweiten Fruchthandel ist sie seit Jahren Bestandteil kulinarischer Kreationen und schmeckt besonders gut mit Schinken auf einer Pizza (auch wenn man darüber streiten kann).

Obwohl archäologische Funde existieren, weiß man wenig über die Entwicklung der Ananas zur Kulturpflanze. Immerhin war sie schon Ende des 14. Jahrhunderts ein Hauptnahrungsmittel amerikanischer

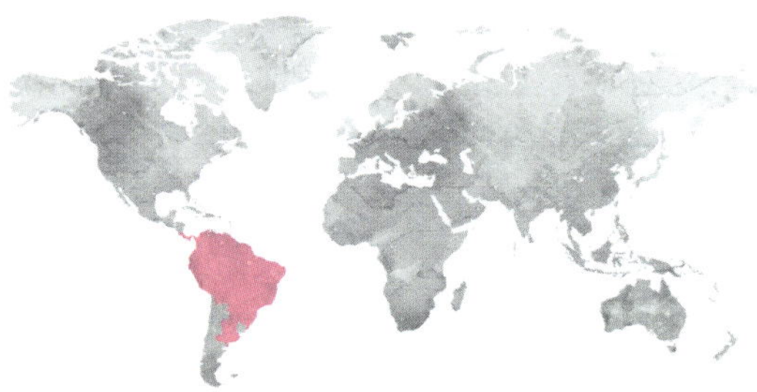

EIN STATUS-SYMBOL

Ananas comosus

BOTANISCHER NAME

Urvölker. Als erster Europäer machte Christoph Kolumbus mit der üppigen Frucht Bekanntschaft, als er im November 1493 auf seiner zweiten Reise das Gebiet des heutigen Guadeloupe erkundete. Er brachte die Frucht nach Spanien mit, von wo aus sie in ganz Europa bekannt wurde.

Im 17. Jahrhundert galten Ananas als Luxussymbol, wurden aber selten gegessen. Stattdessen nutzte man sie als Deko, etwa auf der abendlichen Tafel. Es gab Steinmetzarbeiten, Bettpfosten und Teekannen in Ananasform, zudem zierten sie Tapeten, Tischdecken und Servietten. Noch heute sind sie als Motiv auf Schreibblöcken und Linealen sowie als Emoji beliebt (als Frucht weißt du, dass du es geschafft hast, wenn dir ein eigenes Emoji gewidmet wird).

1661 wurden auf Dorney Court in der Grafschaft Buckinghamshire zum ersten Mal Ananas in Großbritannien angebaut. Das war die Initialzündung für einen regelrechten Wettbewerb zwischen Herrenhäusern, die sich in der Kultur dieser damals als mythologisch empfundenen Frucht zu überbieten versuchten. Ananas galten als Symbol des Reichtums und Beweis für das gärtnerische Geschick ihrer Besitzer.

In meiner Jugend war Ananas die exotische Frucht schlechthin. Leider aber nur an Weihnachten und auch dann immer aus der Dose.

Der Chelsea Physic Garden in London setzte mit der Einrichtung von Ananasöfen noch eins drauf. Diese kleinen Gewächshäuser aus Glas wurden über Löcher im Boden gestülpt, in denen Ananas inmitten von Pferdemist und Rinde wuchsen. Stimmte die Mischung, kam ein Gärprozess in Gang, durch den sich genug Wärme entwickelte, um Ananas zur Reife zu bringen.

Weihnachtsgenuss

In meiner Jugend waren Ananas die exotische Frucht schlechthin. Leider aber nur an Weihnachten und auch dann immer nur aus der Dose. Meine Eltern erachteten die frischen Früchte wohl als etwas zu extravagant oder wussten vielleicht nicht, wie sie das goldgelbe Fleisch aus ihr herausbekamen. Die Ringe wurden aus den Dosen gefischt, in Stücke geschnitten, zwischen Käsewürfeln auf Cocktailstäbchen gespießt und beim Weihnachtsessen aufgetischt. Meist steckte man sie auf eine umgedrehte, in Folie eingeschlagene Kohlkopfhälfte.

Und jetzt schnappen Sie sich Stift und Notizblock: Ich helfe Ihnen, das nächste Quiz zu gewinnen. Ananas sind »Beerenfruchtverbände«. Jede Frucht entsteht aus bis zu 200 Blüten, deren Beeren, sobald sie sich gebildet haben, zu verwobenen Spiralen zusammenwachsen.

Die Vielzweckfrucht

Wir sehen Ananas vor allem als Frucht, doch gibt es auch eine Nachfrage nach den Fasern aus den Blättern. In warmen

KURIOS

In der Regel zeigt die Schale von Ananas wegen der sechseckigen Schuppen drei Spiralen. Wenn Sie das nächste Mal an der Obsttheke stehen, sehen Sie sich die Frucht einmal gut an.

Klimazonen extrahiert man daraus ohne viel Energieaufwand Fasern, die nachhaltiger sind als synthetische Materialien. Man verarbeitet sie zu Tüchern, Matten und Taschen. Auf den Philippinen webt man Kleidung für die Oberschicht daraus.

Leider wird die Ananas mitunter unverschuldet in den Drogenhandel verwickelt: Schmuggler missbrauchen ihre Kisten oft als Behälter für wesentlich ungesündere Ware.

Ananaszucht

Die Kultur von Ananas ist arbeitsintensiv. Bis die Früchte reif sind, vergehen fast eineinhalb Jahre. Wo keine natürlichen Bestäuber mithelfen, muss von Hand bestäubt werden. Gelegentlich werden Ananas wild geerntet, aber wenn sie so schmecken wie die als Zimmerpflanze genutzte Baby- oder Miniananas, dann lasse ich besser die Finger davon. Sie sind bitter und taugen eher als Motiv für Fotos fürs Regal denn als Obst.

Sie können Ananas auch selbst züchten. Ob Sie Früchte ernten, ist zwar alles andere als sicher, aber zumindest sind die Kids eine Stunde beschäftigt. Schneiden Sie den Schopf von der Frucht und schälen Sie die Blätter vom Strunk. Nun stutzen Sie den Schopf bis knapp unter die Blattansätze und setzen ihn in durchlässiges Substrat. Zum Schluss gut wässern und abwarten ...

Wussten Sie, dass die Blüte der fertigen Frucht stark ähnelt? Letztere setzt sich aus zusammengewachsenen Beeren zusammen.

TRIVIALNAME

Erdnuss

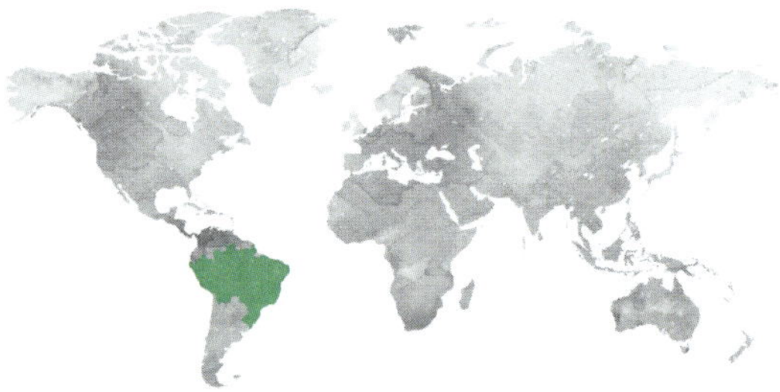

DER BARSNACK SCHLECHTHIN

WIE GROSS WIRD SIE?
30–50 cm hoch und 90–120 cm breit.

WO IST SIE ZU HAUSE?
In Südamerika. Ihre Herkunftsregion ist möglicherweise das Grenzland zwischen Argentinien und Bolivien.

WAS IST IHR LEBENSRAUM?
Die Tropen und Subtropen.

WIE WIRD SIE BESTÄUBT?
Durch Selbstbestäubung.

KANN ICH SIE ZU HAUSE KULTIVIEREN?
Ja, und es macht sogar Spaß.

Wo fangen wir an? Erdnüsse in ihren unterschiedlichen Zubereitungen sind ein beliebter Barsnack in aller Welt. Als ich noch ein Kind war und mein Vater mich heimlich in seinen Club mitnahm, reichte schon ein Päckchen gesalzener und in Essig eingelegter Erdnüsse, um mich zu beschäftigen. Als ich acht Jahre war, fühlte ich mich wie der King, wenn ich Weihnachten ein Päckchen Erdnüsse zum Schälen bekam. Mit Erdnussbutter und Marmelade bestrichene Sandwiches aber entdeckte ich zu meiner Schande erst mit über zwanzig.

Angesichts meiner Leidenschaft für Erdnüsse kann man sich vielleicht meine Aufregung vorstellen, als ich eines Tages – ich war schon 35 – mit dem Taxi durch Japan

Arachis hypogaea

BOTANISCHER NAME

Der verdickte Teil der Blüte ist der Fruchtknoten. Nach der Bestäubung verlängert sich der Fruchtträger und schiebt die Frucht in die Erde, wo sie heranreift.

fuhr und an einem Reisfeld einen Flecken üppig grünes Laub mit Häufchen aus braunen Klumpen entdeckte. Ich wusste sofort, worum es sich handelte, und bat meinen Fahrer höflich, anzuhalten, damit ich zum ersten Mal im Leben frisch geerntete und zum Trocknen auf dem Boden ausgelegte Erdnüsse in Augenschein nehmen konnte.

Eine Nuss, die keine ist

Viele überrascht es zu hören, wie Erdnüsse wachsen, obwohl schon der Name darauf hindeutet. Sie sind geokarp, entwickeln sich also im Erdreich. Die gelben Schmetterlingsblüten sind nur einen Tag lang geöffnet. Nach der Selbstbestäubung verlängert sich die Basis des Fruchtblatts und schiebt die unreife Frucht in die Erde, wo sie sich entwickelt. Was – Erdnüsse sind keine Nüsse? Nein. Wie Linsen und Erbsen gehören sie zu den Hülsenfrüchten, was man an den Schalen sieht. Merken Sie sich das, wenn Sie Quizmillionär werden möchten.

Beim Ernten werden sie aus der Erde gezogen, getrocknet und dann gedroschen, um die Schalen zu entfernen.

Erdnuss ist nicht gleich Erdnuss

Die Erdnuss von heute ist meilenweit von ihrer wilden Urform entfernt. Im Lauf der Zeit wurden viele Sorten gezüchtet, die sich in Form, Größe, Geschmack, Ölgehalt

Ein Leben ohne Erdnüsse ist für mich unvorstellbar. Ich bin verrückt nach Hähnchen-Satay mit Erdnusssoße.

und Widerstandsfähigkeit gegen Krankheiten unterscheiden. Die einzelnen Sorten fasst man zu Gruppen zusammen. Die Früchte der Valencia-Gruppe etwa werden oft gekocht. Was man in Päckchen kauft oder als Snack auf der Theke findet, gehört meist zur Virginia-Gruppe und macht optisch am meisten her. Die Erdnüsse der Spanischen Gruppe hingegen ergeben die beste Erdnussbutter.

Erdnusspflanzen spielen wegen ihrer stickstoffbindenden Eigenschaften auch bei der Fruchtfolge eine wichtige Rolle. An den Wurzeln sitzen Knöllchen, in denen symbiotische Bakterien Stickstoffverbindungen bilden. Sie unterstützen die Pflanzen in ihrem Wachstum und helfen ihnen, sich gegen Konkurrenz zu behaupten. Gehen die Pflanzen ein, bleibt der Stickstoff im Boden und dient anderen Gewächsen als Nährstoff. Eine klassische Win-win-Situation also. Auch Lupinen und Klee bilden übrigens diese Knöllchen.

In aller Welt begehrt, vor allem von mir

Der jährliche Gesamtertrag beläuft sich auf gigantische 49 Millionen Tonnen Erdnüsse. China ist derzeit der größte Erzeuger und zeichnet für 36 % der weltweiten Produktion verantwortlich.

Ein Leben ohne Erdnüsse ist für mich unvorstellbar. Ich bin verrückt nach Hähnchen-Satay mit Erdnusssoße. Erdnussbutter schlemme ich direkt aus dem Glas – allerdings mit Löffel, man hat ja schließlich Stil. Als ich in China lebte, war mein liebster Imbiss ein gekochter Sojabohnen-Erdnuss-Mix aus der Folienschale. Sie merken schon, Erdnüsse sind für mich keine Peanuts!

KURIOS

Die erste gewerblich hergestellte Erdnussbutter kam 1895 in den USA in den Handel. Aber schon lange davor mahlten die südamerikanischen Inka Erdnüsse zu einem schmackhaften Brei.

TRIVIALNAMEN

Kautschukbaum, Gummibaum

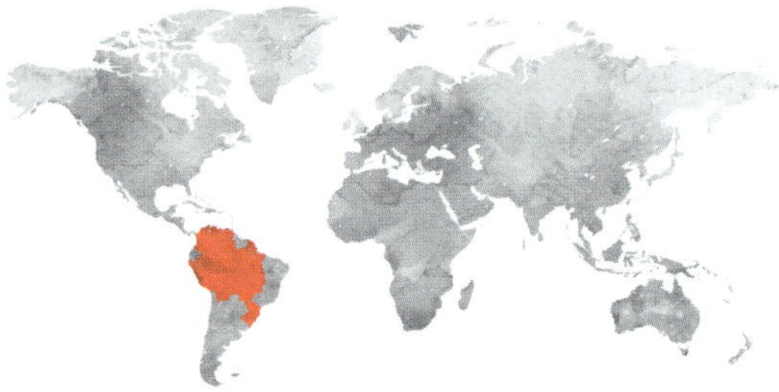

GIB GUMMI!

WIE GROSS WIRD ER?
Über 40 m, aber Kulturbäume bleiben meist wesentlich kleiner, da die Latexgewinnung das Wachstum hemmt.

WO IST ER ZU HAUSE?
Im Amazonasbecken und in den Guyanas.

WAS IST SEIN LEBENSRAUM?
Tropische oder subtropische Regenwälder mit mind. 1200 mm Niederschlag.

WIE WIRD ER BESTÄUBT?
Von kleinen Insekten wie Mücken.

KANN ICH IHN ZU HAUSE KULTIVIEREN?
Wie viel Platz haben Sie?

Ganz gleich, was Sie so den ganzen Tag tun, Gummi ist ein wesentlicher Teil Ihres Alltags. Vom Menschen wird er seit dem 16. Jahrhundert v. Chr. genutzt. Frühe mesoamerikanische Kulturen fertigten Behältnisse und Spielbälle daraus, verwendeten ihn für Arzneien und setzten ihn in Ritualen ein. Berichten aus Mexiko zufolge tauchte man die Kleidung in Latex, damit sie haltbarer und wasserdicht wurde – sozusagen als frühe Form des Friesennerzes.

Bevor es technisch wird, muss ich klarstellen, dass der Kautschukbaum sich stark von der Pflanze unterscheidet, die gemeinhin Gummibaum genannt und als

Hevea brasiliensis

BOTANISCHER NAME

1895 wurde der Zapfschnitt zur Gewinnung von Latex aus Kautschukbäumen entwickelt.

Zimmerpflanze genutzt wird (obwohl auch sie Kautschuk liefert). Allerdings hätten Sie kaum Platz für den Kautschukbaum. Er wird so hoch, dass man die Krone aus frischgrünem Laub mit stechend riechenden Blüten höchstens mit dem Feldstecher genauer in Augenschein nehmen könnte.

Wenn in freier Natur die Blüten bestäubt werden, bilden sich Früchte, die ihren Inhalt, dekorative Samen mit Leopardenmuster, ähnlich explosionsartig umherschleudern, wie es der nah verwandte *Hura crepitans* (S. 40) zu tun pflegt, wenn auch nicht ganz so laut, da sie kleiner sind.

Früher wurden Kautschukbäume nur im Regenwald des Amazonas kultiviert. Um die Preise hoch zu halten, war die Ausfuhr verboten. Nicht einmal Samen und Setzlinge durften exportiert werden. 1876 aber gelangten 70 000 Samen zwischen Bananenblättern versteckt nach England. Von dort schickte man sie nach Malaysia und legte Plantagen an. Schon nach zwölf Jahren waren sie eine ernsthafte Konkurrenz für jene in Brasilien geworden.

O'zapft is!

1895 entwickelte Henry Nicholas Ridley von den Botanischen Gärten in Singapur den Zapfschnitt zur Latexgewinnung. Er wird heute noch angewandt. Die Erntearbeiter schälen dazu auf einer Seite schmale Rindenstreifen mit einem spiralig von oben nach unten verlaufenden Schnitt ab. Aus der Wunde tritt milchiger Latexsaft aus. Normalerweise produziert der Baum ihn, um Wunden zu verschließen und sich vor Insekten zu schützen. Er läuft nach unten und wird in Bechern aufgefangen. Während die eine Seite heilt, wird die andere »angezapft«. Die Latexgewinnung erfolgt in den kühlen Stunden des Tages, da der Milchsaft in dieser Zeit nicht so schnell gerinnt. Jeder Erntedurchgang dauert etwa fünf Stunden. Angezapfte Bäume bleiben in der

Die ungewöhnlichen Samen von ***Hevea brasiliensis*** **sind roh giftig. In verarbeiteter Form wurden sie früher als Ersatznahrung bei Hungersnöten genutzt.**

Die Blüten von *Hevea* haben keine Blütenblätter, sondern einen Kelch mit fünf dreieckigen Lappen. Sie sind kürzer als Blütenblätter und duften süß, um Bestäuber anzulocken.

Regel kleiner, da die Wunden das Wachstum beeinträchtigen.

Den Latex lässt man gerinnen, dann wird er gefiltert. Durch Zusetzen von Säure verklumpt er. Dann rollt man ihn zu Platten und presst das Wasser heraus. Nach einer Behandlung mit Chemikalien und durch Erhitzen wird daraus der schwarze Gummi, wie wir ihn kennen.

Eine Industrie im Aufschwung

Im 20. Jahrhundert geriet die brasilianische Kautschukindustrie durch die Blattfallkrankheit ins Trudeln. Wegen der geringen genetischen Vielfalt konnte *Hevea brasiliensis* keine Widerstandsfähigkeit entwickeln. Auch mit chemischen und biologischen Maßnahmen ließ sich der Pilzbefall nicht eindämmen. Der internationale Transport auf dem See- und Luftweg erhöhte das Risiko einer Ausbreitung. Zumindest, und das ist die gute Nachricht, blieb die Krankheit auf die Region beschränkt und hat sich noch nicht nach Asien ausgebreitet, wo inzwischen der Großteil des weltweiten Latex gewonnen wird. Auch bei der Bewirtschaftung der Plantagen wurden Fortschritte gemacht. So ersetzt man heute die Bäume nach 20 bis 30 Jahren und nutzt das Holz für den Möbelbau.

Zunehmend gewinnen weitere Kautschukquellen an Bedeutung. Eine mögliche Alternative ist der Russische Löwenzahn (*Taraxacum kok-sahyz*), dessen Wurzeln ausgezeichneten Latex enthalten.

KURIOS

Rund 20 000 Pflanzenarten bilden Latex. Er verhindert bei Verletzungen, dass Bakterien und Viren in die Pflanze eindringen. Nur wenige Arten aber können für die Gummiherstellung genutzt werden.

TRIVIALNAMEN

Cashewbaum, Acajubaum

WIE GROSS WIRD ER?
14 m hoch und breit.

WO IST ER ZU HAUSE?
Nördliches Südamerika einschließlich Kolumbien, Ecuador, Peru, Venezuela, Brasilien und einige Karibikinseln.

WAS IST SEIN LEBENSRAUM?
Standorte mit fruchtbarem Boden und hoher Luftfeuchtigkeit.

WIE WIRD ER BESTÄUBT?
Von Bienen, Ameisen und Schmetterlingen, seltener vom Wind.

KANN ICH IHN ZU HAUSE KULTIVIEREN?
Einen Versuch ist es wert, aber ob Sie Nüsse ernten, ist fraglich. Vorsicht vor den giftigen Schalen.

Wie wachsen Cashewkerne? Wenn Sie ein Quizprofi sind, behalten Sie's für sich – die anderen sollen auch ein bisschen raten.

Stellen Sie sich einen exotischen Baum vor, der annähernd die Form eines Kerzenhalters hat und schöne Blätter trägt. Seine Blütenstände setzen sich aus rund 500 rötlichen Einzelblüten zusammen. Sie öffnen sich in streng choreografierter Abfolge: Als Erstes sind die zwittrigen Blüten an der Spitze an der Reihe, dann folgen die männlichen Blüten seitlich. Die zwittrigen Blüten (mit männlichen und weiblichen Merkmalen) sind eine hervorragende Nahrungsquelle für Tiere, denn sie enthalten reichlich schmackhaften Nektar, damit Möchtegern-

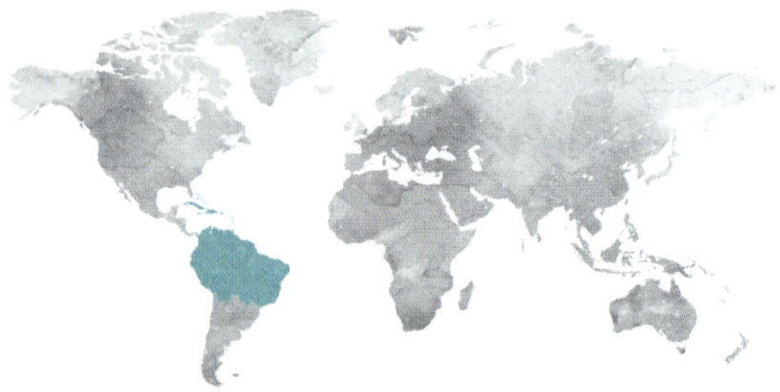

EINE HARTE NUSS

Anacardium occidentale

BOTANISCHER NAME

Die Kerne aus der Schale zu holen ist für Menschen hochgefährlich.

bestäuber immer wieder vorbeischauen. Die männlichen Blüten tragen mehr Zucker als die zwittrigen, was Bestäuber dorthin lockt, wo der süchtig machende Stoff lagert. In wilder Schlemmerlaune besuchen sie anschließend alle Blüten und erhöhen so die Wahrscheinlichkeit einer erfolgreichen Bestäubung. Alle Blüten duften verlockend. Vor allem Bienen können gar nicht genug von der exotischen Nektarfülle bekommen.

Als Nächstes bilden sich schlanke Früchte – seltsame Fortsätze, die ein bisschen an Kidneybohnen erinnern. Sie sitzen an Fruchtstielen, die als Cashewäpfel bezeichnet werden und zunächst grün, dann rot sind. Sie sind bald wesentlich größer als die eigentliche Frucht, die jedoch in Wirklichkeit der Star ist. Denn in ihrem Inneren verbirgt sich eine Schale mit der schmackhaftesten aller Knabbereien: der Cashewnuss, besser gesagt, dem Cashewkern, denn sie steckt in der Steinfrucht des Baums, ist also ihr Kern.

Die Tupi in Brasilien waren es, die entdeckten, dass die Kerne der Früchte essbar sind. Sie beobachteten Kapuzineräffchen, wie sie den Inhalt aus der Schale holten und vertilgten. Aber der Baum gibt die Kerne nicht so ohne Weiteres her: Die doppelte Schale ist für Menschen außerordentlich gefährlich. Zunächst muss sie an einer gut durchlüfte-

Von der Blüte bis zum reifen Kern vergehen etwa 70 Tage. Selbst mithilfe von Bestäubern liegt die Erfolgsquote nur bei 30 %. Manche Pflanzen arbeiten nicht sehr effizient.

KURIOS

Der größte Cashewbaum der Welt steht in Brasilien. Er ist 70-mal größer als normal und bedeckt die Fläche eines Fußballfeldes.

ten Stelle erhitzt werden, denn der essbare Teil ist von einer Flüssigkeit umgeben, die für Menschen überaus giftig ist, während sie Affen anscheinend nichts anhaben kann. Dabei platzt die innere Schale auf und gibt die – zumindest meiner Meinung nach – schmackhafteste aller Nüsse frei.

Und was passiert mit den Cashewäpfeln, die ja nur Beiwerk sind? Leider faulen sie nach der Ernte im Handumdrehen und sind auch zu empfindlich für den Transport, weshalb man sie außerhalb der Anbauregionen nur selten antrifft. Ironischerweise waren es die Äpfel und nicht die verborgenen Früchte, die zunächst die Aufmerksamkeit der portugiesischen Entdecker in Südamerika erregten. Die nierenförmigen Steinfrüchte ließ man links liegen, da man sie für giftig hielt und nicht wusste, dass sich ihr Inhalt gefahrlos ernten ließ. Hätten sie eben mehr auf die Kapuzineräffchen achten müssen!

Meine Lieblingsnuss

Cashewkerne sind meiner Ansicht nach die sinnlichsten aller Nüsse. Zerbeißt man sie, füllen sie den Mund wie Sahne. Schon als Kind hat mich ihr Geschmack fasziniert, ich habe sie mir buchstäblich auf der Zunge zergehen lassen. Sie waren eine Offenbarung, vor allem verglichen mit den eher »bitteren« Walnüssen, Haselnüssen und Co., leider aber auch die teuersten Nüsse, weshalb es sie nur an Weihnachten gab.

Der Cashewanbau

Cashewbäume werden in den Tropen häufig angebaut. Sie sind recht anpassungsfähig und kommen mit sandigen Böden und Trockenheit zurecht. Am profitabelsten sind Zwergsorten, denn sie liefern schon ab dem ersten Jahr Früchte.

Problematisch hingegen ist die mangelnde Vielfalt in den Plantagen, die zu einem Rückgang der Zahl natürlicher Bestäuber führt, was wiederum die Erträge reduziert. Cashewbauern sind daher angehalten, farbenfrohe Blumen unter den Bäumen zu pflanzen und nicht zu pflügen, um keine Bienenhabitate zu zerstören.

Die Vielzweck-»Nuss«

Um 1560 brachten die Portugiesen die Cashewpflanze nach Goa, von wo aus sie sich weiter über Südostasien und Afrika ausbreitete. In Indien lernte man nicht nur ihre heilenden Eigenschaften zu schätzen, sondern schuf aus den Kernen auch einige köstliche Currys. Zudem wird aus ihnen Butter, ein hummusartiger Käse sowie ein Salat- und Kochöl hergestellt. Im 21. Jahrhundert steigt außerdem die Nachfrage nach Cashewkernmilch. Taugt sie auch für guten Cappuccino? Die Jury testet noch …

SUPER-
HELDEN

04

Hier habe ich die Rekordbrecher versammelt, die Guinness-Helden der Pflanzenwelt. Wir bestaunen sie, weil sie die größten, kleinsten oder ältesten Gewächse sind. Mit dabei ist sogar eine Pflanze, die man nur die Glücklichste nennen kann. Und ein paar, die ganz Erstaunliches leisten. Außerdem stelle ich Ihnen eine Superheldin vor, die ich selbst geschaffen habe.

TRIVIALNAMEN

Egg-and-Chips®-Pflanze, »Aubertoffel«

WIE GROSS WIRD SIE?
1,2–1,5 m hoch und rund 30 cm breit.

WO IST SIE ZU HAUSE?
In einem niederländischen Zuchtbetrieb.

WAS IST IHR LEBENSRAUM?
Das Gewächshaus.

WIE WIRD SIE VERMEHRT?
Sie lässt sich nicht wie üblich vermehren, denn sie entsteht durch Aufpfropfen einer Pflanze auf die andere.

KANN ICH SIE ZU HAUSE KULTIVIEREN?
Ja, und ich kann nur raten, es auszuprobieren.

Einen Großteil meiner Karriere habe ich für das Pflanzenhandelshaus Thompson & Morgan gearbeitet. Ich war dort eine Art verrückter Professor wie im gleichnamigen Film. Meine Aufgabe war es, neue Pflanzen zu entwickeln und auf den Markt zu bringen. Ich habe an ein paar coolen Neuheiten mitgewirkt, von Baumlilien höher als ein Mensch und nie zuvor gesehenen Kletterpetunien über blaue Königskerzen – sie sind meist Pastellgelb – bis hin zu schwarzen Hyazinthen (jede Pflanze mit schwarzen Blüten ist der Renner). Manchmal handelte es sich um ziemlich durchgeknallte Züchtungen, aber sie schafften es immer in die

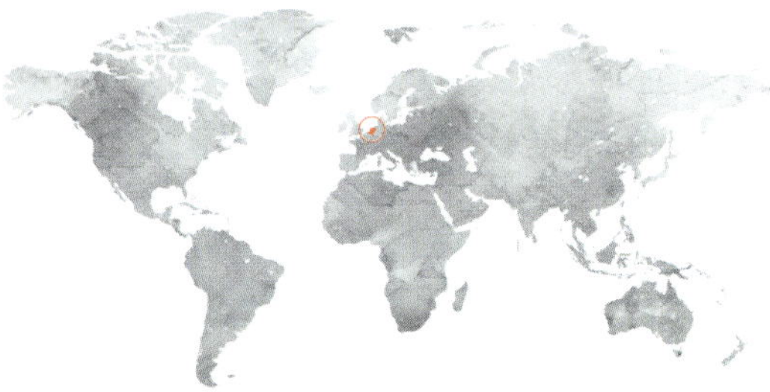

GEMISCHTES DOPPEL

Solanum tuberosum* + *Solanum melongena

BOTANISCHER NAME

Schlagzeilen. Pflanzenzucht und Gärtnern sollen schließlich Spaß machen.

Irgendwann war ich ganz auf die Mitglieder der *Solanaceae*-Familie fixiert, also auf Kartoffeln, Tomaten, Paprika und Auberginen. Damals führte man gerade Tests mit veredelten Tomaten durch, die kräftigere Unterlagen bekamen und dadurch besser trugen. Beim Veredeln werden zwei Pflanzen künstlich zusammengefügt, doch müssen sie kompatibel sein, also zur gleichen Familie gehören. Zudem muss die Verbindungsstelle anfangs mit Clips oder Klebeband verbunden werden.

Ketchup mit Pommes

Im Hauptsitz von Thompson & Morgan kamen wir einige Male zusammen, um herauszufinden, ob wir die TomTato®, eine Tomate und eine Kartoffel in einer Pflanze vereint, vermarkten konnten. Wir begannen eine Kooperation mit Beekenkamp BV, einem niederländischen Unternehmen mit reichlich Erfahrung im Veredeln von Tomaten, Gurken und Melonen. Allerdings hatte Beekencamp noch nie so unterschiedliche Pflanzen wie Tomaten und Kartoffeln kombiniert – genau das aber war bei der TomTato® nötig.

Als wir mit der Idee ankamen, hielten sie uns für verrückt. Dann aber begannen sie zu experimentieren und stellten uns eine »Duopflanze« vor, die supersüße Kirschtomaten und späte Kartoffeln lieferte. Die Kartoffeln mussten natürlich eine späte Sorte sein, da man sie sonst ernten hätte müssen, bevor die Tomaten reif waren.

Als wir die Pflanze auf den Markt brachten, drehte die Presse durch. Ich habe etliche Interviews gegeben und wurde sogar in andere Sprachen synchronisiert. In Deutschland ist das Gewächs als TomTato®, Tomtoffel oder Tomoffel zu haben.

Die »Frankensteinpflanze«

Mein Notizblock und Stift kamen nicht mehr zur Ruhe. Was ließ sich sonst noch kombinieren? Vielleicht konnten wir ja als Nächstes eine Gemüsepfannenpflanze aus Tomaten und Paprika erschaffen. Oder eine Blume aus der Familie der Nachtschattengewächse auf eine Kartoffelstaude setzen.

Letzten Endes entschieden wir uns für ein Kombigewächs aus Kartoffel und Aubergine. Meines Wissens war die Egg-and-Chips®-Pflanze, die »Ei-mit-Pommes-Pflanze«, wie wir sie zu nennen beschlossen, ein absolutes Novum. Warum »Ei«? Weil

Vor allem Teenies waren von der »Frankensteinpflanze« fasziniert, wie ich an den Retweets sehen konnte.

Auberginen auch Eierpflanzen genannt werden, ganz einfach.

Auberginen sind etwas anspruchsvoller als Tomaten. Wir testeten deshalb einige neuere Auberginensorten, die auch mit weniger Licht auskamen – und konnten tatsächlich ein Dream-Team zusammenstellen.

Schon wieder waren wir in aller Munde. Neben etlichen Tweets, Radiointerviews und Reportagen war unsere Neuschöpfung auch Thema in der *The One Show*, einem Live-Magazin der BBC. Wir stellten sie Moderator Chris Evans und Schauspielerin Sarah Parish vor – und trugen dabei eine Toga aus Sackleinen (warum, ist eine lange Geschichte – wenn Pflanzen berühmt werden, entgleisen die Dinge manchmal).

Vor allem Teenies waren von der »Frankensteinpflanze« fasziniert, wie ich an den Retweets sehen konnte. Eine neue Fuchsienzüchtung hätte sie sicher kalt gelassen. Immerhin bewies der Hype, dass man das Interesse für das Gärtnern bei unterschiedlichen Generationen auch mit unterschiedlichen Methoden entfachen muss.

Ein bisschen trügerisch ist die »Aubertoffel«, weil die Kartoffeln in der Erde versteckt sind und man sie daher für eine simple Auberginenpflanze halten kann. Sie lässt sich in Gefäßen ziehen und trägt verlässlich, selbst in unserem oft durchwachsenen mitteleuropäischen Klima.

Und was bereitet man aus der Mehrzweckpflanze zu? Moussaka zum Beispiel, eine griechische Speise mit Kartoffeln, Auberginen und Lamm. Oder arabisches Baba Ganoush aus gebratenen Auberginen, serviert mit Pommes frites. Selbst gezogen natürlich.

KURIOS

Schon im Zweiten Weltkrieg wurden Tomaten auf Kartoffeln veredelt, um den oft knapp bemessenen Platz im Gemüsebeet optimal zu nutzen.

TRIVIALNAME

Telegrafenpflanze

WIE GROSS WIRD SIE?
Bis zu 1,5 m hoch.

WO IST SIE ZU HAUSE?
Kambodscha, China und Sri Lanka, um nur einige Länder zu nennen. Selbst auf den entlegenen Gesellschaftsinseln im südlichen Pazifik wächst sie. Ob sie auf den Wellen bis dorthin getanzt ist?

WAS IST IHR LEBENSRAUM?
Unterwuchs von Sträuchern. Sie mag es feucht und hell.

WIE WIRD SIE BESTÄUBT?
Vermutlich durch Insekten.

KANN ICH SIE ZU HAUSE KULTIVIEREN?
Ja. Ganz einfach durch Aussaat.

Eine Pflanze, die tanzt, wenn man ihr vorsingt? Kein Witz: Die Telegrafenpflanze ist zu Bewegungen fähig, die mit bloßem Auge zu erkennen sind. Wenigstens ein Lebewesen (wenn auch kein Mensch), das meine Leidenschaft für die B-Seiten gescheiterter Künstler aus den Achtzigern teilt. Erstmals beschrieben wurde die Telegrafenpflanze 1880 in dem Werk *Das Bewegungsvermögen der Pflanzen* von Charles Darwin.

Sie ist das wohl berühmteste bewegliche Gewächs nach der Dornenhecke um das Dornröschenschloss. Das Laub des faszinierenden Strauchs folgt im Tageslauf dem Sonnenlicht. Dazu richten sich die Blattpaare wie justierbare Solarpaneele aus.

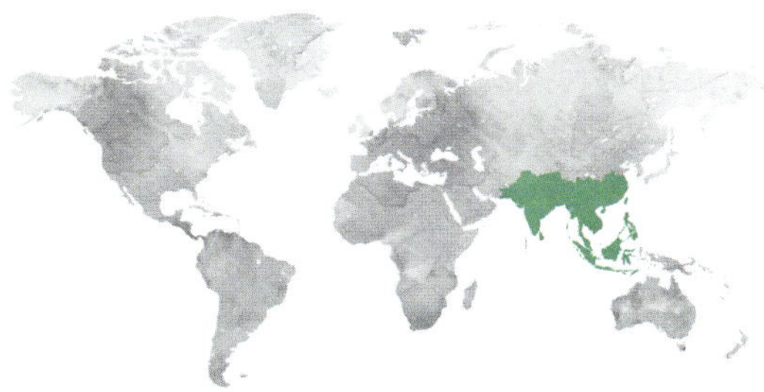

DANCING QUEEN

Codariocalyx motorius* Syn. *Desmodium gyrans

BOTANISCHER NAME

Sie bewegen sich konstant elliptisch, um den besten Winkel für die größeren Blätter zu finden. Dabei senden sie Signale an die Pflanze. Verursacht wird die »Tanzbewegung« durch anschwellende und schrumpfende Motorzellen in den Gelenken am Blattansatz.

Die kleinen Blätter bewegen sich konstant elliptisch, um den besten Winkel für die größeren Blätter zu finden.

Aber der Tanz der Blätter ist kein Selbstzweck – Pflanzen mühen sich nicht ohne Grund ab. Wie Sie vielleicht aus der Schule wissen, brauchen sie das Licht für die Fotosynthese, bei der mithilfe von Sonnenenergie Wasser, Kohlendioxid und Mineralien in Sauerstoff und Zucker umgewandelt werden. Und Sonnenlicht fängt man am effizientesten ein, indem man sich danach ausrichtet. Die meisten Pflanzen sind dazu nicht in der Lage.

Stimmerkennung

Interessanterweise bewegt sich die Telegrafenpflanze auch noch aus anderen Gründen. Einer davon ist die Reaktion auf Vibrationen. Ich selbst wurde Zeuge dieses Verhaltens, als ich im Botanischen Garten von Niigata in Japan neben einem Exemplar stand, mit jemandem plauderte und plötzlich bemerkte, wie das Laub als Reaktion auf das Gespräch zu rotieren begann. Zurzeit ziehe ich ein paar Pflanzen zu Hause aus Samen. Irgendwann will ich ihnen (falsch) vorsingen, um sie zum Tanzen zu bewegen. Ich stelle mir vor, ich bin der *Cantaor* und sie sind meine Flamencotänzerinnen.

Ein großes Rätsel
Die Wissenschaft ist uneins darüber, warum die Pflanze rotiert. Die einen glauben, dass sie Fressfeinde abschrecken will, indem sie mit der sichtbaren Bewegung der Blättchen die Flügel von Schmetterlingen nachahmt. Allerdings lässt die Pflanze ihr Laub hängen, wenn es dunkel ist, was eher darauf hindeutet, dass sie sich bewegt, um Licht einzufangen.

Wenn Sie das Wachstum einer Pflanze beschleunigen möchten, probieren Sie es mit Musik, Singen oder den Worten »Du wächst gut«. Im Lauf der Jahre wurden verschiedene Experimente durchgeführt, die bestätigen, dass das durchaus etwas nützt.

Während ich diese Zeilen schreibe, macht meine 8 cm hohe *Codariocalyx motorius* noch keinerlei Anstalten, einen Jive hinzulegen. Ich befürchte fast, das Klima in meinem Kämmerchen in East Suffolk ist doch etwas anders als das im natürlichen Lebensraum der Telegrafenpflanze in Südasien. Aber ich gebe nicht auf: Ich gröle weiter meine Lieblingslieder mit, die aus dem Radio dudeln.

KURIOS

Vibrationen regen Pflanzen tatsächlich zum Wachstum an. Ihre bevorzugte Frequenz ist 115–250 Hz. Sie ist typisch für Klassik oder Jazz und die weibliche Stimme.

Zurzeit ziehe ich zu Hause ein paar Pflanzen aus Samen. Irgendwann will ich ihnen (falsch) vorsingen, um sie zum Tanzen zu bewegen.

TRIVIALNAMEN

Unechte Rose von Jericho, »Auferstehungspflanze«

WIE GROSS WIRD SIE?
5 cm hoch und 20 cm breit.

WO IST SIE ZU HAUSE?
In der Chihuahua-Wüste, in Mexiko und weiteren Regionen zwischen Texas, Costa Rica und El Salvador.

WAS IST IHR LEBENSRAUM?
Sie lungert auf dem Wüstenboden herum und hofft auf Regen.

WIE VERMEHRT SIE SICH?
Als Sporophyt vermehrt sie sich mithilfe von Sporen und nicht durch Samen und Blüten.

KANN ICH SIE ZU HAUSE KULTIVIEREN?
Ja. Macht vor allem Kindern Spaß.

***Selaginella lepidophylla* ist eine fantastische Überlebenskünstlerin: Sobald sie mit Wasser in Berührung kommt, erwacht sie buchstäblich vor unseren Augen zum Leben.** War sie gerade noch ein vertrocknetes Stück Farn, ist sie im nächsten Augenblick eine grüne Rosette aus frischem, gesundem Wuchs. Und zwischendurch lässt sie sich als Bodenroller vom Wind durch die Gegend bugsieren, womit sie sich für eine Rolle im nächsten Western empfiehlt.

DIE PFLANZE, DIE VON DEN TOTEN AUFERSTEHT

Selaginella lepidophylla

BOTANISCHER NAME

Selaginella lepidophylla **lässt sich zu einer Kugel geformt in der Wüste unbeschadet umherwehen, bis sie eine neue Wasserquelle findet.**

Die Unechte Rose von Jericho kommt im trockenen Zentralmexiko vor, einem der unwirtlichsten Lebensräume der Welt. Die meisten Arten würden es nicht überstehen, wenn sie 95 % ihres Wassergehalts verlieren würden, aber diese clevere Überlebenskünstlerin steckt die Dehydrierung weg, ohne Schaden zu nehmen. Bekommt sie schließlich Wasser, erholt sie sich in der Regel vollständig, selbst wenn sie vorher jahrelang dursten musste. Aber sie saugt sich nicht nur voll, sie schaltet sogar wieder die Fotosynthese an. Mit anderen Worten: Sie ersteht buchstäblich von den Toten auf. Wie aber treibt sie Wasser auf? Bei längerer Trockenheit lösen sich die Wurzeln von der Pflanze, sodass der oberirdische Wuchs weggeweht wird und auf die Suche nach einem Drink gehen kann. Das damit verbundene Einrollen und Zusammenfalten scheint ihr nicht zu schaden.

Aber ganz so einfach ist es nicht. Hat die Pflanze keine Zeit, sich vorzubereiten, klappt es mit der Auferstehung manchmal nicht. Auch zu häufige Durststrecken machen ihr den Garaus. Insgesamt aber scheint sie doch vieles richtig zu machen, denn es gibt sie seit Millionen von Jahren.

Wiedergeburt

Selaginella lepidophylla ist eine Trockengebietspflanze. Sie kommt vorwiegend in der mexikanischen Chihuahua-Wüste vor. Wegen ihrer scheinbaren Fähigkeit, aus dem Totenreich zurückzukehren, nutzten spanische Missionare sie, um ihren Schäfchen das Konzept der Wiedergeburt zu veranschaulichen. Oft reichte man sie als Talisman von Generation zu Generation weiter.

Im Lauf der Jahrhunderte kam sie sogar als Arzneipflanze zum Einsatz. Dem Volksglauben nach musste man, um eine Geburt einzuleiten, Wasser trinken, in das die Pflanze eingelegt worden war. Man dachte, weil die Wiedergeburt der Pflanze so schnell vonstatten ging, würde auch die menschliche Geburt rasch und leicht verlaufen.

Die clevere Überlebenskünstlerin übersteht bis zu 95 % Dehydrierung.

Partyüberraschung

Es macht Spaß, die Pflanze zu Hause zu kultivieren und ihre »Auferstehung« live innerhalb einer Stunde zu erleben. »Schlafende« Pflanzen sind unschwer online zu bekommen. Sobald die Unechte Rose von Jericho wieder grün ist und wie eine ganz normale Pflanze aussieht, kann sie eingetopft werden.

Die Unechte Rose von Jericho darf nicht mit der Echten Rose von Jericho (*Anastatica hierochuntica*) verwechselt werden. Diese entfaltet sich zwar ebenfalls, wenn sie mit Wasser in Berührung kommt, löst sich aber nicht wie *Selaginella* von ihrem Wurzelsystem und ergrünt auch nicht mehr.

KURIOS

Die Unechte Rose von Jericho überlebt extreme Dehydrierung und bis zu sieben Jahre ohne Wasser.

TRIVIALNAME

Wunderbeere

WIE GROSS WIRD SIE?
1,8 m und etwa 1,2 m breit.

WO IST SIE ZU HAUSE?
In einigen Gegenden Westafrikas.

WAS IST IHR LEBENSRAUM?
Meist saure Böden mit einem pH-Wert zwischen 4,5 und 5,8.

WIE WIRD SIE BESTÄUBT?
Von Insekten.

KANN ICH SIE ZU HAUSE KULTIVIEREN?
Schwierig. Sie braucht viel Luftfeuchtigkeit und idealerweise saure Böden.

Wenn ich eine Pflanze als Überraschung für eine Party auswählen müsste, wäre es diese. Ich veranstalte seit Jahren in aller Welt die »Weird and Wacky Plant Show«, bei der ich einem gelegentlich perplexen Publikum ungewöhnliche Gewächse vorstelle. In etwa zur Halbzeit ziehe ich ein paar getrocknete rote Beeren hervor und bitte ein paar Leute aus dem Publikum, sie zu zerkauen. Kurz darauf serviere ich ihnen Zitronenscheiben und Essig in Schnapsgläsern und bitte sie, davon zu probieren.

Die Wunderbeere enthält ein Glykoprotein namens Miraculin, das sich an die Geschmacksknospen heftet und die Wahr-

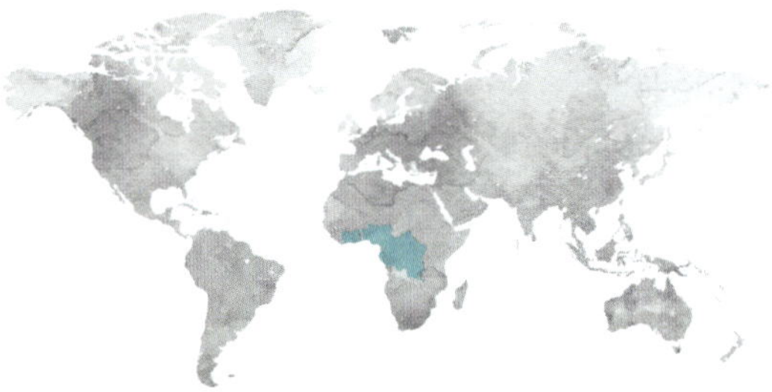

DIE GESCHMACKS-WANDLERIN

Synsepalum dulcificum

BOTANISCHER NAME

nehmung von Saurem verändert. Isst man nach dem Kauen einer Wunderbeere etwas Saures, empfindet man es durch das Miraculin als süß. Aus Zitrone wird Sorbet, aus Essig etwas, das eher Apfelwein ähnelt. Kaut man aber eine Wunderbeere und isst danach eine Erdbeere, bekommt man etwas so Süßes, das man sonst lieber nicht probiert hätte, denn das Miraculin verändert auch hier den pH-Wert.

Kaut man eine Wunderbeere und isst danach eine Erdbeere, bekommt man ein süßes Bonbon.

In ihrer Heimat Westafrika kaute man die Beeren, um den Geschmack von Maisbrot zu verbessern und Palmwein zu süßen. Die Wirkung hält etwa eine Stunde an. Besucher meiner Show berichten in der Regel, dass die Beere ihr Mittagessen ruiniert – beziehungsweise verbessert. Hat sie auch Nebenwirkungen? Wie bei vielen Dingen ist Mäßigung ratsam. Es ist schließlich auch nicht gut, mehr als eine Packung Kartoffelchips zu verputzen.

Setzt man die Wunderbeere als Partyüberraschung ein, hat man unzählige Möglichkeiten, die Gäste zu verblüffen. Man kann sie zu Bier, sauer Eingelegtem, Zitronen oder Limetten reichen und sogar die zweifelhaften Kochkünste von Freunden damit veredeln.

Gottesgeschenk für Diabetiker?

Dem japanischen Wissenschaftler Kenzo Kurihara gelang es 1968 als Erstem, Miraculin zu isolieren. In den 1970er-Jahren beschieden Experten der geschmacksverändernden Beere eine strahlende Zukunft,

Angeblich gibt es sogar speziell gezüchtete Tomaten mit dem geschmacksverändernden Glykoprotein Miraculin. Sie wurden als Snack vor der Mahlzeit konzipiert, um den Zuckerkonsum zu senken.

denn trotz ihres niedrigen Zuckergehalts verwandelt sie Saures in Süßes. Zum ersten Mal konnte man sich hemmungslos süßen Sünden hingeben, ohne ungesundes Zeug auch nur anzurühren. Diabetiker jubelten. In Japan war Miraculin bald in Tablettenform erhältlich.

Versuche einer Markteinführung der Beere wurden allerdings in den 1980er-Jahren vereitelt, denn die Regulierungsbehörden wollten sie nicht als Nahrung zulassen. Vielleicht lag es daran, dass der US-Markt für Donuts sonst zusammengebrochen wäre. Man kann nur den Kopf schütteln über eine solche verpasste Chance …

Die Wunderbeere hat einen festen Platz auf der Novel-Food-Liste der EU (als »Novel Food« bezeichnet die EU Nahrungsmittel, die traditionell in anderen Ländern als der EU verbreitet sind) und ist inzwischen zugelassen. Vorsicht ist zwar angebracht, denn ein zu starker Konsum kann den Säureanteil im Blut erhöhen, aber ein, zwei Beeren schaden nicht. Meine »Weird and Wacky Plant Show« kann weitergehen!

Das Laub der Wunderbeere lässt sich sogar medizinisch verwerten, denn es senkt den Blutzuckerspiegel. Das Öl aus den Samen wiederum kommt als Haarkräftigungsmittel zum Einsatz.

Versuch macht klug

Vor ein paar Jahren habe ich mich selbst an der Wunderbeerenzucht versucht und mir per Kurier eine lebende Pflanze aus China schicken lassen. Sie vertrug allerdings unser Klima nicht und hat sich bald für immer verabschiedet. Also bin ich auf eingefrorene Beeren umgestiegen. Sie verwende ich auch in meinen Shows. Man kann sie unschwer online auftreiben. Wenn Sie Lust haben, Ihr Bitter Lemon in ein leckeres Glas Limo umzuwandeln, besorgen Sie sich einen ordentlichen Vorrat.

TRIVIALNAME

Seychellenpalme

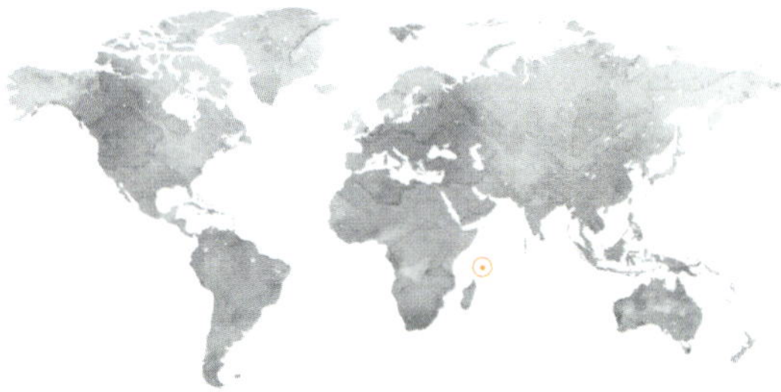

DIE GRÖSSTEN SAMEN

WIE GROSS WIRD SIE?
Über 25 m hoch. Die Samen erreichen 50 cm Durchmesser.

WO IST SIE ZU HAUSE?
Auf den Inseln Praslin und Curieuse.

WAS IST IHR LEBENSRAUM?
Tiefgründige, durchlässige Böden und offene, exponierte Hänge.

WIE WIRD SIE BESTÄUBT?
Vermutlich von Eidechsen und Geckos.

KANN ICH SIE ZU HAUSE KULTIVIEREN?
Nö, außer Sie leben in den Tropen. Allerdings dürfte es schwieriger sein, Samen zu bekommen, als die Palme zu ziehen.

Früher hieß die Seychellenpalme *Lodoicea callipyge*. *Callipyge* kommt aus dem Griechischen und heißt »schöner Hintern«. Nun, da das geklärt wäre, können wir uns mit den anderen Attributen dieses faszinierenden Baums befassen.

Zunächst zur Statistik: *Lodoicea maldivica* hält den Rekord für die größten Samen der Welt (50 cm Durchmesser), die langlebigsten Blütenstände (sie bilden bis zu zehn Jahre lang Pollen) und das längste Keimblatt, also das erste Blatt, das ein Same austreibt (4 m).

Am schlagzeilenträchtigsten aber sind die Samen und ihre gigantischen Dimensi-

Lodoicea maldivica

BOTANISCHER NAME

onen. Sie werden größer als ein Medizinball und wiegen mit 25 kg etwa so viel wie ein durchschnittliches 10-jähriges Kind.

Der Grund für ihre Größe ist ein biologisches Phänomen, das als »Inselgigantismus« bezeichnet wird. Entwickelt sich eine Art isoliert und ohne Feinde, wird sie immer größer. Der Vorteil der riesigen Samen ist die in ihnen gespeicherte Energie. Die Sämlinge werden durch sie besser versorgt.

Bevor die Seychellenpalme entdeckt wurde, dachten viele Leute, dass die Riesensamen von einem mythologischen Baum stammen, der auf dem Grund des Ozeans wächst, denn malaysische Seeleute hatten sie auf dem Wasser treiben sehen. Auch glaubte man, dass sie vom Wasser verbreitet wurden, doch erkannte man bald, dass sie in keimfähigem Zustand dafür zu schwer waren und diejenigen, die das Meer an Land gespült hatte, tot waren.

In Seychellenpalmenkolonien gibt es männliche und weibliche Exemplare. Aber ihr Geschlecht zu bestimmen ist nicht so einfach, wie einen Hamster in der Hand umzudrehen und zu begutachten. Man muss warten, bis sie blühen, was 11 bis 45 Jahre dauern kann – eine Art Pubertät für die Pflanzen. Die gesäßförmigen Samen entwickeln sich an weiblichen Exemplaren, während die männlichen riesige, phallusähnliche Kätzchen bilden. Aber wie kommen die beiden zusammen?

Ihr Geschlecht zu bestimmen ist nicht so einfach, wie einen Hamster in der Hand umzudrehen.

Auftritt: Eidechse und Gecko

Einer wilden Bestäubungsfantasie zufolge reißt sich die männliche Palme in stürmischen Nächten vom Boden los und vereint sich mit der weiblichen in leidenschaftlicher Umarmung. Eine weniger fantasievolle, dafür aber glaubwürdigere Theorie besagt, dass Eidechsen und Geckos sich als Kuppler betätigen. Sie laben sich – gemeinsam mit weißen Schnecken – am schmackhaften Nektar und Pollen der Blüten.

Ohne eine offensichtliche Transportstrategie für die schweren Samen kann sich *Lodoicea maldivica* nicht recht viel weiter ausbreiten als in der nächsten Umgebung oder auf ihren Heimatinseln. Aber Hast ist der Palme sowieso fremd. Die Samen brauchen sechs, sieben Jahre, bis sie reif sind, und noch einmal zwei, bis sie keimen.

Ein Erfolgsmodell

Mit der Zeit gelingt es der Seychellenpalme, sich ihr eigenes Habitat zu schaffen. Der Boden in ihrer Nähe ist der fruchtbarste weit und breit, denn die 10 m langen, fächerförmigen Blätter sind so gefaltet, dass sie Pollen, Vogelkot und Laubreste effizient zum Boden leiten und ihn düngen. Zudem saugt das Gehölz selbst das letzte Quäntchen Nährstoff aus seinen alten Blättern, bevor es sie abwirft. Es widmet seine Aufmerksamkeit nun einmal weniger dem Laub als den Samen. Kein Wunder, dass sie zu solchen Brocken heranwachsen.

Doch der Baum kümmert sich auch aufopferungsvoll um seinen Nachwuchs. Nach der Keimung der Samen wachsen sie im Schutz der Elternpflanze weiter, wurzeln in bester Erde und bekommen die optimale Ernährung durch den Nährstofflieferdienst der Altvorderen.

Vom Aussterben bedroht

Leider steht die Seychellenpalme auf der Roten Liste gefährdeter Arten der IUCN. Der Verlust ihres Lebensraums und das Sammeln der begehrten Samen setzen ihr zu. Dennoch sieht es heute nicht mehr ganz so düster aus für sie, denn der Handel mit den Samen wird inzwischen strenger kontrolliert. Zudem schützt man die Kolonien mit Feuerschneisen vor Bränden.

Die hängenden Kätzchen lassen keinen Zweifel daran, dass es sich um eine männliche Palme handelt.

KURIOS

Als sich die Seychellen vor Millionen Jahren von Indien lösten, konnte sich die Seychellenpalme nicht mehr ausbreiten. Deshalb kommt sie nur auf den Inseln vor.

TRIVIALNAMEN

Titanenwurz, »Leichenblume«

WIE GROSS WIRD SIE?
Bis zu 3 m hoch und 1,5 m breit.

WO IST SIE ZU HAUSE?
Auf Westsumatra in Indonesien.

WAS IST IHR LEBENSRAUM?
Regenwaldlichtungen auf Kalksteinhügeln.

WIE WIRD SIE BESTÄUBT?
Von Aaskäfern und Fleischfliegen.

KANN ICH SIE ZU HAUSE KULTIVIEREN?
Sie bringen mich da auf was …

Zu den großen Wundern der Pflanzenwelt gehört die Titanenwurz. Deshalb ranken sich allerlei absonderliche Gerüchte um sie, etwa dass sie von Elefanten bestäubt werde oder man Gefahr laufe, von ihr gefressen zu werden, wenn man sie kultiviere. Kein Gerücht aber ist, dass sich der Name aus *amorphos,* »missgebildet«, und *phallus,* »Penis«, zusammensetzt. Sie ist die Pflanze mit dem deformierten besten Stück.

Die Titanenwurz trägt nicht die größte Blüte der Welt. Dieser Titel geht an *Rafflesia arnoldii* (S. 146). Aber sie bildet den größten unverzweigten Blütenstand (mehrere Blüten an einem Stängel nennt man Blütenstand). Außerdem riecht sie so abstoßend, dass man darüber streiten kann, ob sie nicht auch die mit der stinkendsten Blüte ist.

DAS BLÜHENDE WUNDER

Amorphophallus titanum

BOTANISCHER NAME

Am Ansatz des Blütenkolbens stehen die weiblichen Blütenteile (unterer Ring). Sie öffnen sich einen Tag vor den männlichen (oberer Ring).

Der Duftcocktail ist eine Mischung aus Käse, Knoblauch, fauligem Fisch, verschwitzten Socken und Kot.

Als der italienische Botaniker Odoardo Beccari *Amorphophallus titanum* 1878 entdeckte, war sie eine Sensation und sorgte für ungläubiges Staunen. Noch nie hatte man so etwas gesehen. Erst als die Pflanze in den Königlichen Botanischen Gärten von Kew in London 1889 erstmals kultiviert wurde, nahmen Botaniker von ihr Notiz.

In trauter Zweisamkeit

Als Pflanzennarr wollte ich die Titanenwurz schon immer leibhaftig sehen, aber ich war nie zur rechten Zeit am rechten Ort. Sie blüht unregelmäßig und muss außerdem mindestens fünf Jahre alt sein. Als sie 2015 im Botanischen Garten von New York blühte, schickte ich meinen Partner hin, der zufällig geschäftlich vor Ort war. Er wollte eigentlich gar nicht und hat mit Pflanzen sowieso nichts am Hut. Aber als er sie sah, war er überwältigt von ihrer Schönheit – und ihrem Gestank.

Die Blüte der Titanenwurz setzt sich im Wesentlichen aus zwei Hauptbestandteilen zusammen: einem Blü-

Die Roseville High School in Kalifornien brachte 2011 als erste Schule eine Titanenwurz zum Blühen. Zu sehen auf YouTube.

tenkolben (Spadix) und einem Hochblatt (Spatha) – zwei, die sich anhören wie eine New-Romantic-Gruppe aus der Synthiepop-Ära. Das Hochblatt ähnelt einem riesigen Blütenblatt. Mit seinem an getrocknetes Blut erinnernden Rotbraun imitiert es ein Stück Fleisch und ruft damit Bestäuber auf den Plan. Der Blütenkolben ist hohl und hat über dem Ansatz zwei Blütenbänder – ein oberes mit männlichen und ein unteres mit weiblichen Blüten.

Die weiblichen Blüten öffnen sich zuerst, die männlichen einen Tag später. Viele heterosexuelle Paare werden stark bezweifeln, dass die Frau als Erste fertig ist, aber sei's drum. Die zeitversetzte Blüte garantiert eine wirkungsvolle Bestäubung.

Timing ist alles

Bei der Bestäubung stehen die Chancen für die Titanenwurz schlecht. Das Zeitfenster beträgt gerade einmal ein, zwei Tage – solange sie eben blüht. Also muss eine weitere Pflanze zur exakt gleichen Zeit in der Nähe blühen. Was gar nicht so einfach ist, denn die Titanenwurz hat keine feste Blütezeit (wurde aber in »Gefangenschaft« schon erfolgreich selbstbestäubt).

Um die Wahrscheinlichkeit einer Bestäubung zu erhöhen, kann sich die Pflanze selbst aufheizen – ein Mechanismus, der als Thermogenese bezeichnet wird – und bis zu 37 °C warm werden, um ihren Gestank besser zu verbreiten und damit Bestäuber anzulocken. Zudem riecht sie nach Einbruch der Dunkelheit intensiver, da Bestäuber wie der Aaskäfer in dieser Zeit am aktivsten sind. Die Aromen, die sie entsendet, dürften Sie allerdings in Ihrer Drogerie kaum antreffen: Der Duftcocktail ist eine Mischung aus Käse, Knoblauch, fauligem Fisch, verschwitzten Socken und Kot.

Nach erfolgter Bestäubung stirbt die Blüte, doch die Show geht weiter. Nach einer Ruhephase von bis zu vier Monaten treibt ein einziges neues Blatt aus, das 6 m hoch werden kann – höher, als es die Blüte je war – und wie ein Showgirl mitten im Urwald steht. Es dient als Sonnenkollektor und sammelt Energie für das unterirdische Speicherorgan, die Knolle. Je nachdem, wie lange das dauert, bildet sich eine Blüte im nächsten Jahr – oder erst in fünf Jahren.

2013 konnte man im Botanischen Garten der Universität Bonn die größte je in Kultur entstandene Blüte bestaunen. Sie war vom Ansatz bis zur Kolbenspitze 3,25 m hoch. Obendrein hält die Titanenwurz den Weltrekord für die größte Knolle. Die befand sich im Königlichen Botanischen Garten von Edinburgh und wog 153,9 kg.

Wenn wieder einmal ein Exemplar blüht, möchte ich einen Platz in der ersten Reihe – allerdings mit einer Klammer auf der Nase.

TRIVIALNAMEN

Langlebige Kiefer, Langlebige Grannen-Kiefer

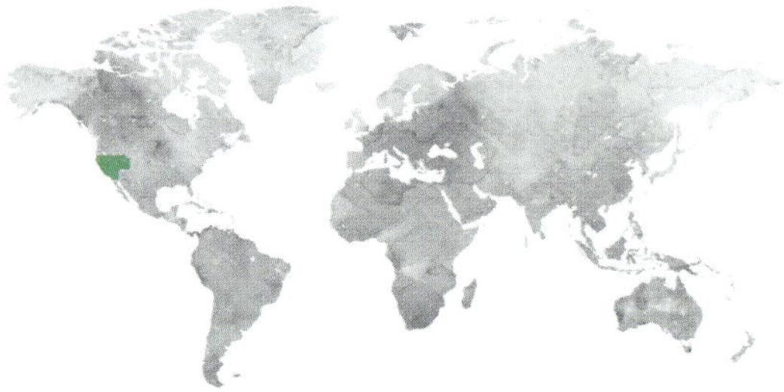

DER ÄLTESTE BAUM DER WELT

WIE GROSS WIRD ER?
5–15 m hoch und 10 m breit.

WO IST ER ZU HAUSE?
Gebirgsregionen in Kalifornien, Nevada und Utah in den USA.

WAS IST SEIN LEBENSRAUM?
Große, offene Gehölzgruppen. Teilt den Lebensraum oft mit anderen Kiefern.

WIE WIRD ER BESTÄUBT?
Vom Wind.

KANN ICH IHN ZU HAUSE KULTIVIEREN?
Ja. Ist auch gar nicht so schwierig. Er überlebt aber sie, ihre Enkel und viele weitere Generationen.

Knorrig, verkrüppelt und wachsbleich – nein, die Rede ist nicht von einem alten Schurken in einem Hollywoodfilm, sondern von der Langlebigen Kiefer. Sie gilt offiziell als ältester nicht klonal wachsender Organismus der Erde – mit anderen Worten: als ältester aus Samen entstandener Baum. »Methuselah«, der Älteste von allen, steht mit einer Lebenszeit von 4855 Jahren sogar im Guinness-Buch der Rekorde.

Seine Keimung fällt in das Jahr 2833 v. Chr., also etwa die Zeit, da die ägyptischen Pyramiden erbaut wurden. Woher er stammte? Damit wären wir bei der Frage, was zuerst da war, die Henne oder das Ei.

Pinus longaeva

BOTANISCHER NAME

KURIOS

Das Habitat des Baums ist ausgesprochen unwirtlich und schwer zugänglich. Deshalb ist es gut möglich, dass dort sogar noch ältere Exemplare wachsen.

Den Namen »Grannen-Kiefer« hat die Art wegen der grannenartigen Fortsätze an den Zapfenschuppen bekommen.

Eines aber ist sicher: »Methuselah« werden Sie nie finden, denn die genauen Koordinaten werden zu seinem Schutz nicht bekannt gegeben und bleiben das Geheimnis weniger Auserwählter. Der Baum steht irgendwo in den White Mountains von Inyo County in Kalifornien. Sein Zustand wird von Wissenschaftlern überwacht. Mit einem Zuwachsbohrer bohren sie ein kleines, bleistiftdickes Loch in den Baum, um den Bohrkern zu analysieren. Das schadet dem Baum nicht. Das Loch wird anschließend wieder mit Harz verschlossen.

Erstmals untersucht wurde die Art von Edmund Schulman, Professor für Dendrochronologie an der University of Arizona. Zusammen mit Tom Harlan, Wissenschaftler im Labor für Jahresringforschung in Tucson, Arizona, erfasste er in den 1950er-Jahren dieses älteste Exemplar.

Das Geheimnis seines langen Lebens

Überlebenswille und Ausdauer sind das Erfolgsrezept, das diesen unglaublichen

Baum so alt werden lässt. Seine weit verzweigten, knapp unter der Oberfläche verlaufenden Wurzeln saugen jeden Tropfen Wasser auf und verankern ihn zugleich fest im Erdreich, auch unter widrigen Bedingungen. Die wächsernen Nadeln speichern Feuchtigkeit und sind fast 50 Jahre lang zur Fotosynthese fähig, während die Borke dunkel und harzig ist, was das Gehölz ausgesprochen robust macht.

Dabei darbt der Baum keineswegs, sondern gedeiht fröhlich und unbeschwert. Die harschen Bedingungen behagen ihm nämlich bestens. Auf den Kalkböden in den Höhenlagen, wo wenig andere Gewächse überleben, dominiert er die Vegetation förmlich. Seine knorrige Form ist typisch für die Umgebung und sein vom Wind gebeugter Wuchs wirkt fast theatralisch.

Allerdings ist die Langlebige Kiefer feuergefährdet. Ihre harzige Borke entzündet sich leicht und kleinere Brände hinterlassen schnell Narben. Insgesamt aber sind die Populationen sehr resilient und erholen sich rasch wieder, selbst wenn manche Exemplare zerstört werden.

Aerodynamische Fortpflanzung

Wie aber vermehrt sich ein Baum in solch widriger Umgebung? Mithilfe des Windes. Er bestäubt nicht nur die Zapfen, sondern verbreitet auch die Samen, die dank ihrer aerodynamischen Flügel leicht davongetragen werden. Eine Rolle spielen ferner Kiefernhäher, die die Samen abzupfen und als Wintervorrat im Boden vergraben. Wenn sie sie vergessen, treiben die Samen aus und werden zu neuen Bäumen.

Die genauen Koordinaten werden zu seinem Schutz nicht bekannt gegeben und bleiben das Geheimnis weniger Auserwählter.

Noch älter

Der Dendrochronologe Tom Harlan untersuchte vor einiger Zeit ein weiteres Exemplar und stellte fest, dass es sogar 5063 Jahre alt ist. Er hielt den Standort allerdings bis zu seinem Ableben 2013 geheim; seither hat man weder den Baum noch Beweise für sein Alter gefunden. Die Wissenschaft kennt sogar 7000 Jahre alte Bäume, doch leider sind sie seit Langem abgestorben.

Pinus longaeva wurde zunächst auf der Roten Liste gefährdeter Arten geführt. Inzwischen allerdings haben Studien ergeben, dass die Subpopulationen nicht mehr schrumpfen. Gute Nachrichten also.

TRIVIALNAME

Kugelige Zwergwasserlinse

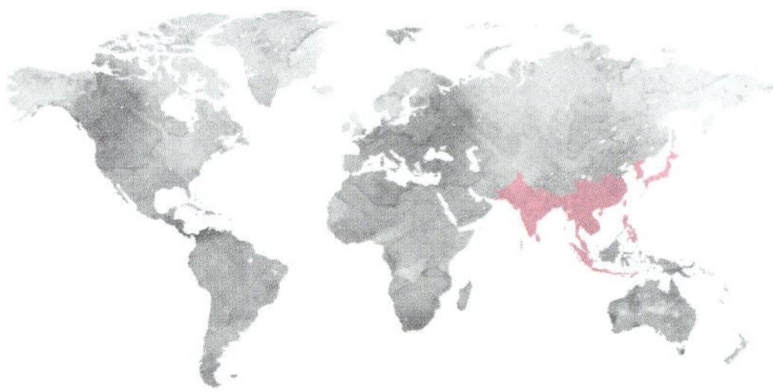

DIE KLEINSTE BLÜTENPFLANZE DER WELT

WIE GROSS WIRD SIE?
So groß wie ein Sandkorn.

WO IST SIE ZU HAUSE? In Südasien.

WAS IST IHR LEBENSRAUM?
Ruhige Gewässer, die sie wie ein dekorativer grüner Teppich bedeckt.

WIE WIRD SIE BESTÄUBT?
Wissen die Botaniker noch nicht genau. Möglicherweise von Fischen, Vögeln oder vom Wind.

KANN ICH SIE ZU HAUSE KULTIVIEREN? Einige Start-ups suchen nach Möglichkeiten, sie in Küchen zu kultivieren, denn sie ist wegen ihres hohen Proteingehalts von Interesse.

Die kleinste Pflanze der Welt ist in etwa so groß wie ein Sandkorn. Sandkorn, wohlgemerkt, nicht Reiskorn. Mit bloßen Augen kann man nicht einmal erkennen, ob sie blüht. Die winzigen, transparenten Pflanzenkörper haben weder Spross noch Blätter noch Wurzeln und sind gerade einmal 0,1 mm lang. Man bräuchte 5000 Stück, um einen Fingerhut mit ihnen zu füllen. Deshalb stammen die besten Abbildungen von *Wolffia globosa* von Mikroskopkameras.

Unsere winzige Freundin gedeiht in den warmen, ruhigen Gewässern Asiens. Sie bedeckt Sümpfe, Teiche und Seen und hat außerdem in vielen wärmeren Teilen der

Wolffia globosa

BOTANISCHER NAME

Die Pflanze bildet eine Blüte mit sichtbarem Staubblatt und Narbe. Allerdings kommt sie auch ohne Bestäubung aus, denn in einem Hohlraum entstehen Tochterpflanzen.

USA eine neue Heimat gefunden, weigert sich jedoch, im Schatten zu wachsen, was gar nicht schlecht ist, denn sie kann sehr invasiv werden.

Vermehrung durch Samen und Knospen

Im Sommer öffnet sich in einer winzigen Einbuchtung auf der Pflanze eine mikroskopisch kleine Blüte. Wie genau sie bestäubt wird, ist noch nicht klar. Nach Meinung von Botanikern mischen Fische, Vögel oder sogar kräftige Winde mit. Auf jeden Fall bildet sich eine nicht minder winzige Frucht, womit *Wolffia globosa* wohl auch Anwärterin auf den Titel der kleinsten Frucht ist. Sie enthält einen einzigen winzigen Samen.

Die Pflanze vergeudet allerdings nicht viel Zeit damit, auf eine Bestäubung zu warten: Sie kann sich auch ungeschlechtlich und exponentiell durch Knospung vermehren. Dazu teilt sie sich alle 36 Stunden und zeugt in rascher Folge »Tochtersprosse«, wodurch sie sich in Windeseile ausbreitet – fast wie in einem Horrorfilm. Innerhalb weniger Monate kann sich eine Population auf eine Quintillion Linsen vermehren (eine Eins mit 30 Nullen). Die Tochtersprosse bilden sich in einem kleinen Hohlraum unter der Pflanze.

Zum Jahresende sinken die Tochtersprosse in kühleren Regionen mitunter auf den Grund und überwintern frostfrei, um im Frühjahr wie Synchronschwimmerinnen wieder an die Wasseroberfläche zu steigen.

Schmack- und nahrhaft?

Die Kugelige Zwergwasserlinse lässt sich zu Hause kultivieren, fordert aber sorgsames Wassermanagement ein. Zudem brauchen die Pflanzen viel Wärme, wie ich herausgefunden habe, als ich vor ein paar Jahren

KURIOS

Die Pflanze ist 165 000-mal kleiner als der höchste Eukalyptusbaum. Ich finde, das ist eine Erwähnung wert.

ein Fläschchen aus Tschechien bestellt und den Inhalt zu Hause in ein Marmeladenglas getan habe. Nach einer Woche waren die Linsen in meiner kalten Doppelhaushälfte verschieden. Ein Problem ist auch, dass sie beim Anbau für den Eigenverbrauch Schadstoffe aus dem Wasser filtern, was zwar gut für das Wasser, aber weniger gut für unseren Magen ist.

Daher ist *Wolffia* frisch giftig, aber getrocknet oder gekocht ein asiatisches Superfood mit einem erstaunlich hohen Eiweißgehalt von 20 %, Kohlenhydraten und Fett, außerdem den Vitaminen A, B2, B6 und C. Die Linsen haben einen süßlich kohlähnlichen Geschmack. Ich finde, man könnte sie »grünen Kaviar« nennen.

Innerhalb weniger Monate kann sich eine Population auf eine Quintillion Linsen (eine Eins mit 30 Nullen) vermehren.

In der thailändischen Küche heißen sie *khai-nam* (wörtlich »Wassereier«). Sie sind ein wertvolles Nahrungsmittel und brauchen weniger Platz als Soja. Bei meinem nächsten Besuch in Thailand werde ich mir auf jeden Fall eine Schale gönnen. In manchen Regionen dienen die Linsen außerdem als Omelettfüllung.

TRIVIALNAME

Riesen-Rafflesie

WIE GROSS WIRD SIE?
Die Blüten sind 60–90 cm breit und öffnen sich meist bodennah.

WO IST SIE ZU HAUSE?
In den Regenwäldern von Sumatra und Borneo.

WAS IST IHR LEBENSRAUM?
Das *Innere* von Regenwaldkletterpflanzen. Sie zeigt sich nur, wenn sie blüht.

WIE WIRD SIE BESTÄUBT?
Von Fliegen und Käfern, die von ihrem Aasgeruch angelockt werden.

KANN ICH SIE ZU HAUSE KULTIVIEREN? Sorry, keine Chance.

Mit einem Durchmesser von 60–90 cm darf *Rafflesia arnoldii* den Titel der weltgrößten Blüte für sich in Anspruch nehmen. Trotz ihrer beeindruckenden Präsenz aber ist die Riesen-Rafflesie eine scheue, unscheinbare Pflanze. Sie verbringt einen Großteil ihres Lebens in einer Wirtspflanze verborgen – der Kletterpflanze *Tetrastigma*, um genau zu sein – und wartet dort darauf, der Welt zu zeigen, was sie draufhat. Sie ist ein Schmarotzer, der selbst kein Chlorophyll erzeugt, und klaut Wasser sowie Nährstoffe komplett von ihrer Wirtspflanze.

Sobald *Rafflesia* blühbereit ist, arbeitet sie fast ein Jahr lang an der

DIE GRÖSSTE BLÜTE DER WELT

Rafflesia arnoldii

BOTANISCHER NAME

Die Blüten öffnen sich im Inneren der Kletterpflanze *Tetrastigma* und blühen nur wenige Tage.

Bildung einer Blütenknospe. Sie entwickelt sich außerhalb des Wirts und ähnelt einem fleischfarbenen Kohlkopf. Sobald sich die Blüte öffnet, wird ihre ganze Pracht offenkundig. Man glaubt fast nicht, dass sie real ist, denn mit ihrer Farbe, Größe und Beschaffenheit wirkt sie wie aus einer anderen Welt.

Doch nicht nur der Anblick der Blüte, sondern auch ihr Geruch sorgt für Gesprächsstoff – nicht umsonst wird sie im Englischen *corpse flower*, »Leichenblume«, genannt. Ihr Aasgeruch soll bestäubende Fliegen und Käfer anlocken. Im Inneren setzt die Blüte sogar noch eins darauf: Dort finden Bestäuber ein Netz aus Fortsätzen vor, die wie Haare und Pelz aussehen und ihnen weiter vorgaukeln, dass sie es mit einem Stück fauligem Fleisch zu tun haben.

Eine heikle Geschichte

Früher dachte man, dass die Blüten von Elefanten bestäubt würden. Doch in Wirklichkeit erledigen das Parasiten, die auf den Elefanten leben.

Die Bestäubung ist kompliziert, denn die Fliegen und Käfer müssen kurz hintereinander eine männliche und dann eine weibliche Blüte aufsuchen – angesichts der Seltenheit der Blüten eine heikle Sache.

Auch die Verteilung der rund 1000 Samen ist knifflig. Sie werden von Spitzmäusen gefressen und über ihre Ausscheidungen verbreitet. Um zu überleben, müssen die Samen aber ganz in der Nähe einer *Tetrastigma* deponiert werden, denn nur sie allein kann der Riesen-Rafflesie als Wirt dienen. Allein der Gedanke an die prekären Bedingungen macht mich schon nervös.

Persönliche Begegnung

Trotz der Größe der Blüte stehen die Chancen schlecht, ihr in freier Natur zu begegnen. Sie ist nur wenige Tage geöffnet und wird wegen der Abholzung der Wälder immer seltener. Bewohner von Sumatra sind angehalten, sie zu schützen, wenn sie sie auf ihrem Grund entdecken. Manche verlangen sogar Geld von Besuchern, die die Blüte sehen wollen, aber das ist ein zweischneidiges Schwert: Der Schutz von *Rafflesia* soll zwar Touristen anlocken, doch ihre Besichtigung kann den Lebensraum schädigen. Um die Gattung vor dem Aussterben zu bewahren, wollen Umweltschützer daher herausfinden, wie sich die Pflanzen kultivieren lassen.

Früher dachte man, dass die Blüten von Elefanten bestäubt werden. In Wirklichkeit erledigen das Parasiten, die auf Elefanten leben.

Ich war vor ein paar Jahren in Borneo. Dort zeigte man mir eine *Rafflesia keithii* in freier Natur. Sie ist zwar nicht so groß wie *Rafflesia arnoldii*, aber genauso spektakulär. Ich stand mindestens vier Minuten staunend da und fragte tatsächlich, ob die Blüte echt sei oder eine Keramiknachbildung.

KURIOS

Die größte je vermessene Blüte hatte einen Durchmesser von 111 cm und wog 11 kg.

TRIVIALNAME

Wollemie

WIE GROSS WIRD SIE?
25–40 m hoch. Die Breite lässt sich nur schätzen, da der Baum Ausläufer bildet.

WO IST SIE ZU HAUSE? Im Wollemi National Park im australischen Bundesstaat New South Wales.

WAS IST IHR LEBENSRAUM?
Gemäßigte Regenwälder in einigen entlegenen, engen und tiefen Canyons.

WIE WIRD SIE BESTÄUBT?
Vermutlich vom Wind.

KANN ICH SIE ZU HAUSE KULTIVIEREN?
Ja. Sie macht sich gut in Gärten oder drinnen als Weihnachtsbaum.

Als ich anfing, dieses Buch zu schreiben, wollte ich auch ein paar neu entdeckte Pflanzen mit aufnehmen. Aber leider sind sie nicht immer besonders interessant, sofern man nicht gerade eine X-Factor-würdige Geschichte um sie spinnt und Nebenerzählungen wie den Kummer eines Spaniel-Besitzers über den unerklärlichen Hautausschlag seines Hundes hinzufügt. Sie können sich deshalb meine Freude vorstellen, als ich auf die australische Wollemie stieß, die erst kürzlich entdeckt wurde und deren Schicksal mit reichlich Drama, Gefahr und Spannung gewürzt ist.

40 Millionen Jahre lang galt die Gattung *Wollemia* als verschollen. Sie verschwand

EIN ECHTES GLÜCKSKIND

Wollemia nobilis

BOTANISCHER NAME

Kaum war die Wollemie wieder-entdeckt, stand sie ein weiteres Mal vor dem Aus.

infolge eines prähistorischen Klimawandels, als der australische Kontinent driftete und austrocknete. Nur fossile Funde belegten ihre einstige Existenz.

Im September 1994 untersuchten David Noble, Michael Casteleyn und Tony Zimmerman mehrere Canyons. David Noble arbeitete für die National Parks and Wildlife Services (NPWS) und hatte ein gutes botanisches Wissen. Zu seiner Überraschung entdeckte er eine Gruppe von Bäumen, die er für die ausgestorbenen Koniferen hielt. Er nahm einen vertrockneten Zweig mit und zeigte ihn Wyn Jones, einem Kollegen beim NPWS, sowie Jan Allen vom Königlichen Botanischen Garten in Sydney. Die beiden bestätigten seinen Verdacht.

Bis dahin hatte der Baum noch keinen offiziellen Namen gehabt. Erst später nannte man ihn Wollemie, nach dem Nationalpark, in dem er entdeckt worden war.

Geheimoperation

Vor 40 Millionen Jahren waren Wollemien in Ostaustralien wohl weit verbreitet gewesen. Trotzdem war erstaunlich, dass sie so lange überlebt hatten. Die feuchte, tiefe Schlucht, in der sie entdeckt wurden, hatte sie anscheinend über die Jahrmillionen hinweg vor Buschbränden und anderen Gefahren geschützt.

Zum Schutz der Bäume wurde ihr Fundort monatelang geheim gehalten, während die NPWS und der Botanische Garten von Sydney mit Helikoptern Zapfen sammelten.

Den Wissenschaftlern fiel es schwer, die bestehenden Bäume zu zählen, da sie Ausläufer bilden und sich klonal fortpflanzen, doch schien der Bestand aus rund 100 Exemplaren zu bestehen. Jedes wurde nummeriert und mit einem Etikett versehen. Als man Vermehrungsmaterial sammelte, wusste man daher genau, von welchem Baum es stammte. Jede der Wildpflanzen hat inzwischen im Botanischen Garten von Sydney einen direkten Abkömmling.

Man nimmt heute an, dass die Art durch einen »genetischen Flaschenhals« gegangen ist. Ihre völlige Isolation und die ständige Inzucht führten zu einem Verlust an genetischer Vielfalt.

Ein ständiges Auf und Ab

Kaum war die Wollemie wiederentdeckt, stand sie ein weiteres Mal vor dem Aus. Obwohl ihr Standort nicht bekannt gegeben worden war und die Forscher ihre Ausrüstung mit Methanol desinfiziert hatten, waren einige Exemplare vom Phytophthora-Pilz befallen worden. Wie dieser potenziell tödliche Erreger in den entlegenen Canyon gelangte, ist unbekannt, doch konnte die Kolonie dank sorgfältiger Pflegemaßnahmen gerade noch gerettet werden.

Als sei das nicht genug, geriet die ganze Kolonie bei einigen der verheerendsten

Buschbrände der australischen Geschichte in den Jahren 2019 und 2020 erneut in höchste Gefahr. Gerettet wurde sie von einem Team engagierter Feuerwehrleute und der NPWS, die von Helikoptern feuerhemmende Mittel abwarfen und die Pflanzen intensiv bewässerten. Über die Rettungsaktion wurde damals nicht berichtet, um den Standort nicht zu verraten. Er wird bis heute geheim gehalten.

Je mehr, desto besser

Natürlich stehen Wollemien auf der Roten Liste gefährdeter Arten der IUCN und sind in Australien streng geschützt. Es gibt zum Glück einige Initiativen, die auf eine gewerbliche Zucht der Art drängen, denn je mehr Bäume kultiviert werden, desto leichter lässt sich das Genmaterial erhalten. Auch wurde bereits das Potenzial der Wollemie als Weihnachtsbaum erkannt, weshalb sie vielleicht bald mit Kugeln geschmückt in Erscheinung tritt. Besser ließe sich die Rettungsaktion für dieses wertvolle Stück Naturgeschichte nicht feiern.

KURIOS

Wollemien gedeihen in Großbritannien besser als in Australien – ein Indiz dafür, dass das Klima vor Millionen Jahren wesentlich feuchter war.

Es gibt intensive Bestrebungen, Wollemiensetzlinge zu pflanzen. Damit soll verhindert werden, dass der seltene Baum ausstirbt.

NICHT JUGENDFREI

05

Es wird Zeit, dass Sie Ihre Hemmungen und Verklemmungen überwinden. Pflanzen sind sexuelle Wesen – finden Sie sich damit ab. In diesem Kapitel klingen nicht nur manche ihrer Namen anstößig, auch ihr Aussehen und Verhalten sind manchmal ziemlich frivol. Aber ganz gleich, ob Sie rot werden oder herumkichern, es geht nun einmal um die natürlichste Sache der Welt.

TRIVIALNAME

Italienisches Knabenkraut

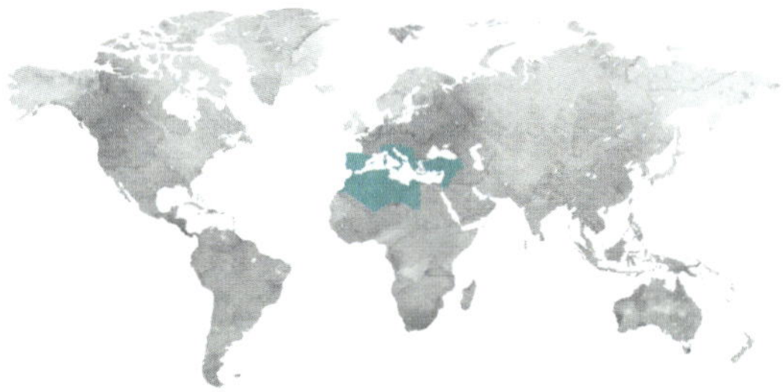

EIN RUDEL NUDISTEN

WIE GROSS WIRD ES?
50 cm und 25 cm breit.

WO IST ES ZU HAUSE?
In Südost- und Südwesteuropa, Westasien und Nordafrika.

WAS IST SEIN LEBENSRAUM?
Brachland, Buschland und *macchia* (dichtes, immergrünes Gestrüpp).

WIE WIRD ES BESTÄUBT?
Ist noch nicht ganz geklärt. Von Insekten, vermuten die Fachleute.

KANN ICH ES ZU HAUSE KULTIVIEREN?
Schwierig. Es braucht ganz bestimmte Böden und Bodenpilze.

Ich erwerbe mir derzeit unversehens den Ruf eines Experten für unanständige Pflanzen. Dabei habe ich gar keine so schmutzige Fantasie, ehrlich nicht. Ich finde sie nur faszinierend. Auch wenn manche Pflanzen wie Tiere oder Genitalien aussehen, so hat die Natur sie doch nur selten als solche konzipiert. Ihr vorrangiges Ziel ist es, Bestäuber anzulocken, und nicht, Studierende der Gartenbauwissenschaft zum Kichern und Tuscheln zu bringen.

Das gilt auch für *Orchis italica*. Das Labellum (das mittlere Blütenblatt) jeder Blüte erinnert in seiner Form an einen nackten Mann. Man kann deutlich die Arme, Beine,

Orchis italica

BOTANISCHER NAME

Ein genauer Blick auf die Blüte offenbart die unverkennbare Ähnlichkeit des Labellums mit einem nackten Mann.

den Rumpf und – nun ja, eben das Ding sehen. Er trägt sogar eine Mütze (in Wirklichkeit das äußere Blütenblatt) und scheint dank eines deutlich sichtbaren Mals auf dem inneren Blütenblatt zu lächeln. Jeder Blütenstand setzt sich aus bis zu 40 Einzelblüten zusammen, manchmal auch mehr.

Hodenähnliche Knollen

Orchis italica bildet im Erdreich ein Knollenpaar, das an Testikel erinnert. Früher dachte man, dass Pflanzen, die einem Organ des menschlichen Körpers ähneln, zur Gesundung eben dieses Organs beitragen. Das erklärt, warum die Römer glaubten, das Knabenkraut stärke die Manneskraft. Die Knollen gaben der ganzen Orchideenfamilie ihren Namen, denn das griechische *orchis* bedeutet »Hoden«.

Die Knollen von *Orchis italica* lassen sich trocknen und zu einem pfeilwurzstärkeähnlichen Pulver namens Salep mahlen. Zwei Esslöffel davon sind angeblich so nahrhaft, dass man einen ganzen Tag lang marschieren kann. Das Pulver ist vor allem in der Türkei beliebt und wird zu Brot, Heißgetränken und sogar Speiseeis verarbeitet. Leider steht Salep so hoch im Kurs, dass die Orchideen in freier Natur hemmungslos gesammelt wurden und inzwischen als gefährdet gelten.

In seinem natürlichen Lebensraum profitiert das Italienische Knabenkraut ähnlich wie *Caleana major*, eine weitere Orchidee mit faszinierenden Blüten (S. 54), von der Symbiose mit einem Bodenpilz. Der Pilz versorgt die Pflanze mit den richtigen Nährstoffen und unterstützt sie in ihrer Konkurrenz mit anderen Gewächsen. Im Gegenzug liefert die Orchidee dem Pilz Zucker.

Diese Bedingungen künstlich nachzuempfinden ist ausgesprochen schwierig, zumal die Pflanze empfindlich auf Dünger und Fungizide reagiert. Deshalb lässt sie sich nur schwer zu Hause kultivieren.

Ein Bild für die Götter

Obwohl das Knabenkraut so anspruchsvoll ist, taucht es in seltenen Fällen sogar unangemeldet in Gärten auf (und in der Woche danach gewinnen Sie im Lotto …).

Orchis italica ist die bekannteste unter den Mittelmeerorchideen und vielleicht auch die häufigste. Es heißt, wenn ganze Kolonien im Frühjahr blühend Hänge bevölkern, ist das ein Anblick, den man nicht vergisst. Ich würde auf die Knie fallen und die Blüten in Augenschein nehmen, bevor Sie »Pflanzenschatz« sagen könnten. Da fällt mir ein: Ich muss Urlaub in Griechenland buchen. Noch heute.

KURIOS

Die Blüten duften angeblich nach frisch gemähter Wiese. Könnte ich ein Fläschchen davon haben, bitte?

Orchis italica bildet im Erdreich ein Knollenpaar, das an Testikel erinnert.

TRIVIALNAMEN

Tintenfischpilz, Krakenpilz

DER PILZ, DER ANGST MACHT

WIE GROSS WIRD ER?
10 cm hoch und insgesamt 20 cm breit. Tentakellänge 7 cm.

WO IST ER ZU HAUSE?
Australien und Neuseeland.

WAS IST SEIN LEBENSRAUM?
Laubstreu unter Bäumen und Sträuchern, manchmal auch Rindenmulch in Parks und Gärten.

WIE VERMEHRT ER SICH?
Insekten und Schnecken verbreiten die Sporenbehälter.

KANN ICH IHN ZU HAUSE KULTIVIEREN? Kompliziert. Besser der Natur überlassen.

Ich war noch nie ein Fan von Horrorfilmen. Ich sehe nicht ein, warum ich mich grundlos erschrecken lassen soll. Trotzdem bin ich kürzlich, nachdem ich erfahren hatte, dass in den Königlichen Botanischen Gärten von Kew in London der Tintenfischpilz entdeckt worden war, dort suchend herumgelaufen – wenn auch mit einem mulmigen Gefühl. Leider war der Gruselpilz trotz des Tipps auf Instagram, der eigentlich ganz seriös wirkte, nirgends zu finden. Deshalb habe ich ihn bis jetzt nur in Büchern und dem guten alten Internet gesehen.

Wie soll man *Clathrus archeri* beschreiben? Stellen Sie sich vor, Sie gehen an

Clathrus archeri

BOTANISCHER NAME

einem unscheinbaren Haufen Herbstlaub vorbei. Da bemerken Sie darin ein schleimiges weißes, golfballgroßes Ei, das aus dem Boden wächst. Dabei handelt es sich um den Fruchtkörper des Pilzes. Was nun kommt, ist der Stoff, aus dem Billighorrorstreifen gemacht sind: Durch die weiße Außenmembran sieht man, wie sich eine rosa Masse windet.

Bald brechen daraus vier bis sieben rote »Tentakel« hervor. Sie sind oben miteinander verbunden und bilden eine Art Käfig (*clathrus* ist Lateinisch und heißt »Gitter«). Ihre Farbe erinnert an frisches Fleisch. Überzogen sind sie mit Gleba, einer schleimigen, stinkenden Masse aus Millionen Sporen, die aussieht wie geronnenes Blut.

Irgendwann spreizen sich die Tentakel und laden hungrige Insekten und Schnecken ein, sich an dem gelatineartigen Überzug zu laben. Manche fressen ihn und scheiden ihn später wieder aus. Andere Tiere verbreiten ihn, weil die Sporen an ihren Körpern kleben bleiben. Ganz schön clever, Herr Tintenfischpilz – statt sich auf Wind und Regen zu verlassen, spannst du eine Armee aus Waldkreaturen für deine Zwecke ein.

Manche Insekten fressen ihn und scheiden ihn später wieder aus. Andere Tiere verbreiten ihn, weil er an ihren Körpern kleben bleibt.

Auf jeden Fall kommt der Pilz dank dieser Methode viel herum. Solange die Sporen dort landen, wo Feuchtigkeit und Nahrung vorhanden sind und es für längere Zeit warm bleibt, können sie keimen. Sie bilden ein langes unterirdisches Geflecht aus Hyphen (Pilzfäden), die Nahrung sammeln. Die Tentakel sind lediglich die Fruchtkörper des Pilzes.

KURIOS

Man nimmt an, dass die Pilzsporen im Ersten Weltkrieg als blinde Passagiere auf Schiffen mit Nachschub von Australien nach Europa gelangten.

Lust auf eine Schreckensnacht?

In Europa ist der Tintenfischpilz noch selten anzutreffen, breitet sich aber über alle Länder aus. Als Saprophyt ernährt er sich von organischer Substanz und braucht sehr wenig Sauerstoff, deshalb wird man ihn am ehesten im Laubstreu unter Bäumen und im Rindenmulch von Parks entdecken. Ideal dafür ist die Zeit von Juni bis September.

Clathrus archeri ist nicht giftig. Die ungeöffneten Fruchtkörper, Hexeneier genannt, kann man sogar essen. Grundsätzlich aber sollte man Pilze und wild wachsende Früchte immer erst von Experten zweifelsfrei bestimmen lassen, bevor man sie sich einverleibt.

Der Pilz bildet zunächst einen kugeligen Fruchtkörper, bevor sich die Tentakel durch die Membran zwängen.

TRIVIALNAMEN

Blaue Schamblume, Blaue Klitorie

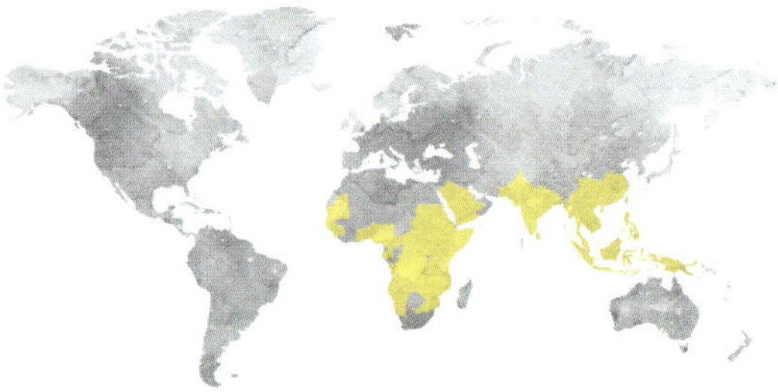

DIE KLETTERNDE VULVA

WIE GROSS WIRD SIE?
Als Kletterpflanze kann sie eine Höhe und Breite von rund 3 m erreichen.

WO IST SIE ZU HAUSE?
Sie stammt wohl aus dem tropischen Asien und Afrika, ist inzwischen aber fast über die ganze Welt verbreitet.

WAS IST IHR LEBENSRAUM?
Grasland und lichte Wälder. Wächst meist an anderer Vegetation empor.

WIE WIRD SIE BESTÄUBT?
Von Insekten.

KANN ICH SIE ZU HAUSE KULTIVIEREN? Ja. Eine schöne Kletterpflanze für die Sommerterrasse.

Diese Pflanze hat viel mehr zu bieten, als man auf den ersten Blick sieht. Ich bin froh, dass ich auf sie gestoßen bin. Mit ihr wird nicht nur Gin und thailändischer Klebreis gefärbt, sie mischt auch in Kosmetika mit und ist vielseitig einsetzbar. Selbst als Bodenverbesserer bewährt sie sich.

Aber bevor wir fortfahren, beschäftigen wir uns mit dem Offensichtlichen, damit das vom Tisch ist. Der botanische Name *Clitoria* bezieht sich auf die Form der Blüten und auch die Trivialnamen in den meisten Ländern thematisieren die Ähnlichkeit mit weiblichen Genitalien. Trotz einiger Proteste sehr konservativer Botaniker, die die

Clitoria ternatea

BOTANISCHER NAME

Mit ihrem wisterienähnlichen Aussehen eignet sich die Klitorie perfekt als Wandbegrünung.

Bezeichnung für vulgär und unmoralisch befanden, konnten sich neutralere Namen nicht durchsetzen.

Obwohl *Clitoria* aus den Tropen stammt, habe ich sie schon im Topf kultiviert. Sie trug zwar erst in den letzten Sommertagen Flor, doch lohnte sich die Kultur trotzdem, denn sie verbreitete mystisches blauregenartiges Flair. Außerdem blühte sie viel früher als Wisterien, die sich fast zehn Jahre Zeit lassen, bis sie das erste Mal ihre Farbenpracht präsentieren – und selbst danach nur, wenn sie korrekt geschnitten werden. *Clitoria* blüht ebenfalls blau und trägt ähnliches Laub. Allerdings braucht sie eine Stütze, denn viel Lust zu klettern hat sie nicht. Sie überwuchert lieber Nachbargewächse und macht sogar Unkraut Konkurrenz.

Spezialistin für Schönfärberei

Falls Sie in den Tropen leben, nehmen Sie einen Korb und sammeln Sie ein paar der azurblauen Schönheiten, denn sobald Sie *Clitoria* in der Küche haben, wird es erst so richtig interessant. Sie können mit den Blüten zum Beispiel Ihren Milchreis tropenblau färben. In Thailand macht man genau das routinemäßig mit Klebreis und serviert ihn mit einer goldenen Mango in einer ungewöhnlichen Farbkombination als Streetfood. Die Einheimischen lieben es.

Oder Sie gießen aus den getrockneten blauen Blüten (gibt's online zu kaufen) Kräutertee auf – einfach mit heißem Wasser überbrühen und schon ist er fertig. Mit dem, was übrig bleibt, kann man blaue Eiswürfel zaubern.

Die Färbung wird von Anthocyanen verursacht, Verbindungen, die auch in Heidelbeeren enthalten sind. Wenn man Tonic Water in einen mit *Clitoria*-Blüten gefärbten Gin gießt, wechselt er schlagartig seine Farbe von Blau zu Rosa. Ursache ist die Veränderung des pH-Werts. Der Geschmack bleibt aber gleich.

Nährstoffe für den Boden

Wie so viele Hülsenfrüchtler (etwa Erbsen und Bohnen) geht *Clitoria ternatea* eine Symbiose mit bestimmten Bodenbakterien ein. Sie bilden Knöllchen an ihren Wurzeln, die Stickstoff im Boden binden. Damit profitiert man doppelt von *Clitoria*, denn die Pflanze sieht nicht nur gut aus, sie verbessert auch das Erdreich.

Ich habe sogar gehört, dass *Clitoria* Potenzial als umweltfreundliches Insektizid hat. Selbst therapeutisch lässt sie sich nutzen: In der ayurvedischen und chinesischen Heilkunst hat sie einen hohen Stellenwert. Angeblich stärkt sie das Gedächtnis.

Clitoria hat in der ayurvedischen und chinesischen Heilkunst einen hohen Stellenwert. Angeblich stärkt sie das Gedächtnis.

KURIOS

In Indien gilt _Clitoria_ als heilig. Sie wird im Hinduismus beim täglichen Puja-Ritual eingesetzt.

TRIVIALNAMEN

Ballonpflanze, »Hairy Balls«

WIE GROSS WIRD SIE?
Bis 2 m hoch und 1 m breit.

WO IST SIE ZU HAUSE?
In Südostafrika von Südafrika bis Mosambik, ist inzwischen aber auch andernorts eingebürgert.

WAS IST IHR LEBENSRAUM?
Straßenränder und Grasland.

WIE WIRD SIE BESTÄUBT?
Von Faltenwespen und Hornissen.

KANN ICH SIE ZU HAUSE KULTIVIEREN?
Ja – und wäre es nicht herrlich, die Nachbarn damit zu schockieren? Sie braucht aber heiße Sommer.

Als ich mich mit der schmutzigen Seite der Pflanzenwelt zu befassen begann, antwortete ich jedes Mal, wenn jemand pikiert war: »Das ist nicht obszön, das ist Botanik.« Mit dem Motto kam ich gut durch. Dieser megacoolen Pflanze bin ich erstmals begegnet, als ich dem legendären Samenhändler K. Sahin, Zaden BV, in den Niederlanden einen Besuch abstattete. Das Forschungsteam dort experimentierte mit vielen sonderbaren Einjährigen und stellte mir *Gomphocarpus* schlicht als »Hairy Balls« vor. Das ließ keinen Spielraum für Interpretationen. Deshalb: Reden wir Klartext. Die aufgeblähten Früchte von

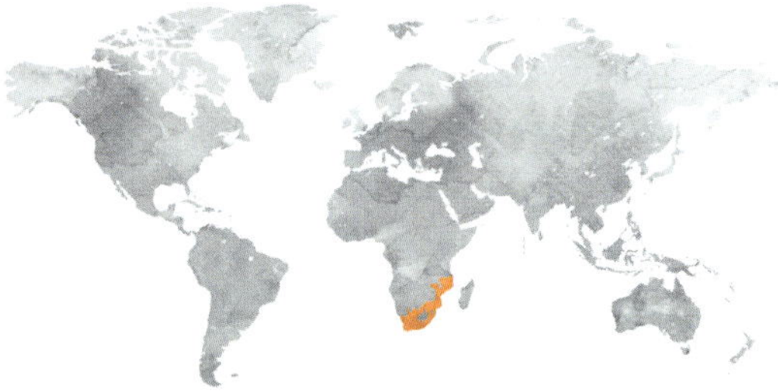

DIE PFLANZE, DIE EIER HAT

Gomphocarpus physocarpus

BOTANISCHER NAME

Gomphocarpus physocarpus sehen aus wie ein haariger Hodensack. In krassem Kontrast dazu stehen die engelsgleichen Blüten – weiß, wächsern, geflügelt und himmlisch nach Bonbons duftend.

Vielleicht entdecken Sie die anstößigen Früchte sogar beim Floristen, die Blüten werden als Schnittblumen verwendet.

Nicht auf einen Stich aus

Eine wichtige Rolle bei der Bestäubung von *Gomphocarpus* spielen die oft missverstandenen Wespen, speziell Faltenwespen. Sie wollen gar nicht stechen, während Sie Ihr Sommerbier trinken. Viel lieber laben sie sich am Nektar, den ihnen Pflanzen wie *Gomphocarpus* anbieten. Ihre Blüten werden zwar auch von anderen Insekten besucht, aber für die Bestäubung zuständig sind Faltenwespen.

Jede Blüte hat eine komplexe Form mit dunklen Schlitzen, durch die Insekten oft ein Bein stecken, um einen festeren Stand zu haben. Natürlich haben sie keinen blassen Schimmer, dass ihre Füßchen drinnen in klebrigen Pollen baden. Zieht die Wespe ihr Bein heraus und fliegt zur nächsten Blüte, tappt sie wieder in einen Schlitz – und schon hat sie Pollen von einer Pflanze zur anderen übertragen.

Gomphocarpus physocarpus kann sich nicht selbst befruchten, muss also von einer anderen Pflanze derselben Art bestäubt werden. Trotzdem breitet sie sich ausgesprochen erfolgreich aus und wurde in Australien schon 1868 als invasiv eingestuft, was

Wenn die Hülse reif ist, explodiert sie und gibt die Samen frei. Dank ihrer fluffigen Haarbüschel trägt sie der Wind zu Orten, an denen sie nach der Landung keimen können.

Die Ballonpflanze ist zwar eher für andere Teile bekannt, doch öffnet sie auch zarte weißrosa Blüten.

KURIOS

Der botanische Name *Physocarpus* setzt sich aus *physa*, griechisch für »Blase«, und *karpos* für »Frucht« zusammen. Den Rest können Sie sich denken.

ziemlich ungewöhnlich ist, denn sie wurde auf dem Kontinent erst in jenem Jahr entdeckt. Außerdem ist sie giftig, wenn auch nicht für den Monarchfalter, der sie sich ordentlich schmecken lässt.

Die Früchte schaukeln lassen

Gut möglich, dass Sie ein paar der anstößigen Früchte beim örtlichen Floristen entdecken, denn die Ballonpflanze wird auch im Fruchtstadium gern für Gestecke genutzt. In Nordamerika sieht man sie außerdem oft als zentralen Blickfang in Sommerblumenbeeten.

Angesichts des skandalösen Aussehens des unschicklichen Gewächses können Sie sich meine Schadenfreude vorstellen, als ich vor Jahren ein paar der Dinger im Botanischen Garten von Toronto in Kanada entdeckte. Sie baumelten an 2,5 m hohen Pflanzen. Ich habe für ein Foto posiert.

TRIVIALNAME

Spritzgurke

WIE GROSS WIRD SIE?
1 m hoch und 60–90 cm breit.

WO IST SIE ZU HAUSE? In Südeuropa, Nordafrika und Westasien.

WAS IST IHR LEBENSRAUM? Nicht genutzte Flächen, etwa Straßenränder. Kann dort invasiv werden.

WIE WIRD SIE BESTÄUBT?
Meist von Bienen.

KANN ICH SIE ZU HAUSE KULTIVIEREN? Ja, und dort kann man sie auch zum Spritzen bringen. Waschen Sie sich danach aber die Hände, denn die Samenflüssigkeit ist hoch giftig.

Wenn ich alte Urlaubsfotos durchblättere, finde ich viele verwackelte Bilder aus dem griechischen Bergdorf Arachova. Darauf ist zu sehen, wie ich versuche, eine Spritzgurke dazu zu bringen, ihre samengefüllte Flüssigkeit über die Hänge zu schleudern. Sogar Videos meiner Bemühungen gibt es – einschließlich meiner Schreie, als es tatsächlich klappt. Denn von einer Spritzgurke getroffen zu werden tut in etwa so weh, wie wenn man von einem durch die Luft geschossenen Gummiband getroffen wird.

Ecballium ist zusammen mit dem Sandbüchsenbaum (S. 40) die Pflanze, die am

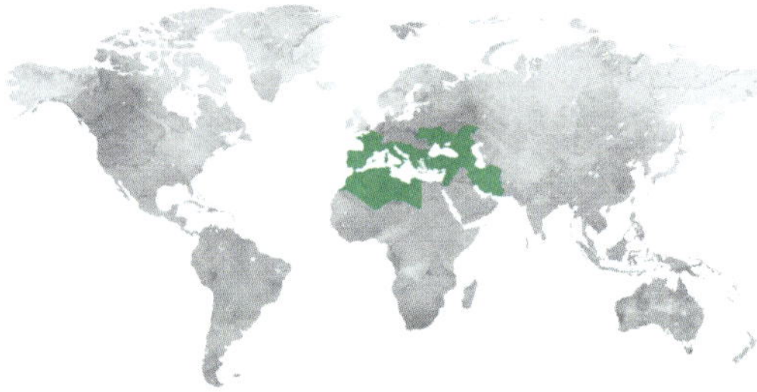

DIE SAMEN-SCHLEUDER

Ecballium elaterium

BOTANISCHER NAME

schnellsten schießt. Wenn die Gurken explodieren, schleudern sie ihre Samenflüssigkeit mit einer Geschwindigkeit von bis zu 95 km/h hinaus und bis zu 10 m weit weg. Kein Wunder, dass sie ihre Umgebung sozusagen im Handumdrehen besiedeln. In vielen Regionen der Welt gelten sie deshalb als invasive Art. Zum Glück haben die Samen, die ich ihnen in Griechenland mit so viel Geschick entlockte, nur meine besten Sommershorts befleckt.

Überdruck

Ich versuche Ihnen mal trotz meiner beschränkten Möglichkeiten grob zu erklären, warum die Früchte explodieren. Das Ganze hat mit dem sogenannten »Turgordruck« zu tun.

Reift die Gurke heran, ist sie mit 10 bis 20 Samen zum Zerreißen gefüllt. Sie schwimmen in einer schleimigen Flüssigkeit und sind in ein Perikarp gehüllt, das reife, mehrlagige, elastische Gehäuse der Frucht. Wenn die Samen im Inneren immer größer werden, erhöht sich entsprechend der Druck, dem die Wand dank ihrer elastischen Beschaffenheit zunächst noch standhält. Irgendwann sind die Samen und der Druck allerdings so hoch, dass ein kritischer Wert überschritten wird. Das am wenigsten widerstandsfähige Gewebe am Fruchtansatz reißt und die Gurke löst sich von der Pflanze. Und damit fängt der Schleuderspaß an.

Die Zellen zwischen den Samen reißen, die gedehnte Fruchtwand zieht sich zusammen und spritzt den Inhalt in einem ballistischen Idealwinkel von 40 bis 60 Grad hinaus, während der Rückstoß die Frucht durch die Luft fliegen lässt.

Das wollte ich ausprobieren, als ich in Griechenland war. Wenn ich an den Gurken herumfummelte, explodierten nur die gelben, denn sie waren am reifsten und hatten im Inneren die dicksten Samen und damit den höchsten Druck.

Wenn die Gurken explodieren, schleudern sie ihre Samenflüssigkeit mit einer Geschwindigkeit von bis zu 95 km/h hinaus.

Nicht salattauglich

Spritzgurken sieht man oft an Straßenrändern, wo sie kriechend über Böschungen wachsen, denn sie haben keine Ranken. Auch als Zierpflanzen werden sie kultiviert – und sei es auch nur, um erstaunten Gästen die explosiven Vorzüge vorzuführen.

Zum Glück lassen sich Spritzgurken kaum mit Salatgurken verwechseln. Man sollte *Ecballium elaterium* auch tunlichst nicht essen, denn sie sind stark giftig. In der Volksmedizin werden sie oft als Abführmit-

KURIOS

Obwohl die Spritzgurke zu den Melonengewächsen gehört, ist ein Verzehr nicht ratsam – sie schmeckt auch sicher nicht nach Honig.

tel eingesetzt. Noch ein Grund, warum sie Spritzgurke genannt wird.

Wenn Sie mit eigenen Augen einer *Ecballium*-Explosion beiwohnen möchten, suchen Sie auf YouTube nach der Spritzgurke. Aber ich rate Ihnen, anschließend Ihren Browser-Verlauf zu löschen …

Ecballium elaterium **trägt kleine gelbe Blüten. Links ist eine männliche, mittig eine weibliche Blüte zu sehen, ganz rechts eine bestäubte weibliche Blüte mit der berüchtigten Frucht.**

TRIVIALNAME

Gemeine Stinkmorchel

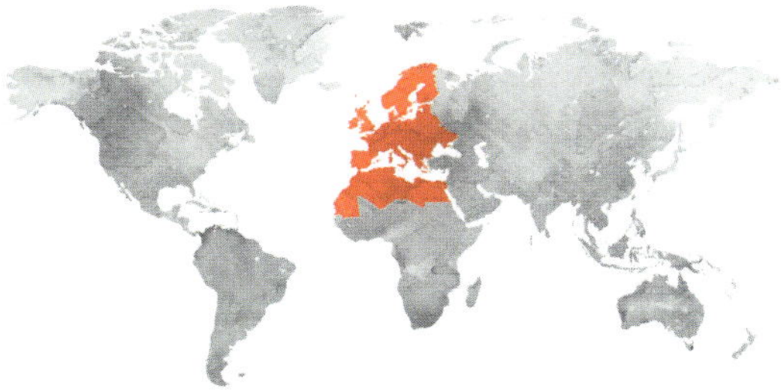

SCHAMLOS EXHIBITIONISTISCH

WIE GROSS WIRD SIE?
Der Fruchtkörper wird 25 cm lang und hat 5 cm Durchmesser.

WO IST SIE ZU HAUSE?
In Europa und Nordafrika, stellenweise aber auch anderswo.

WAS IST IHR LEBENSRAUM?
Vermoderndes Holz, Waldböden und gemulchte Gärten.

WIE VERBREITET SIE SICH?
Über Fliegenbeine und mitunter auch die Ausscheidungen von Fliegen.

KANN ICH SIE ZU HAUSE KULTIVIEREN?
Der Pilz nimmt Ihnen die Entscheidung vermutlich ab.

Befassen wir uns vielleicht erst einmal mit dem botanischen Namen. Der schwedische Botaniker Carl Linnaeus wusste genau, was er tat, als er diesen Pilz mit dem schlüpfrigen Aussehen im Jahr 1753 *Phallus impudicus* taufte. *Phallus* kommt aus dem Griechischen und heißt natürlich »Penis«. Aber der eigentliche Hammer ist das lateinische *impudicus*, denn es bedeutet »schamlos« oder »unzüchtig«. Blättern Sie um, falls Ihr Jugendschutzalarm schon vorsorglich anfängt zu piepsen.

Das Erste, was Sie von der Stinkmorchel sehen, ist ein weißes Ei oder auch zwei. In diesem Stadium wird der Pilz noch als Hexenei bezeichnet. Bald aber schiebt sich ein erigierter Fruchtkörper hervor. Das hohe

Phallus impudicus

BOTANISCHER NAME

Im Wald riechen Sie die Stinkmorchel vermutlich schon, bevor Sie sie sehen.

weiße Gebilde mit kegeligem, schleimigem Kopf wächst mit einer Geschwindigkeit von gemessenen 10 cm pro Stunde. Angeblich kann er sich sogar durch Asphalt schieben.

Der Kopf ist Träger der Pilzsporen. Sie sind in der schleimigen Gleba (Fruchtmasse) enthalten, die ihn überzieht. Mit seinem Geruch nach fauligem Fleisch lockt *Phallus impudicus* so viele Insekten an, dass es auf seiner Spitze zugeht wie in einer Dorfdisko zu Silvester.

Die Gemeine Stinkmorchel »schlüpft« beängstigend schnell aus ihrem »Ei«. Schon nach nur einem Tag steht sie da wie eine Eins.

KURIOS

Im Ei-Stadium ist die Morchel vielerorts ein beliebter Speisepilz. Angeblich schmeckt sie nach Haselnuss.

Bei diesem Event entstehen so viele Vibes, dass die Gleba eine zuckrige, mit Sporen vermischte Flüssigkeit abgibt und den »Dancefloor« mit einer schleimigen Masse überzieht, die von den Insekten gierig aufgeschlürft wird. Wenn sie anschließend ihre Notdurft verrichten, gründen sie unabsichtlich eine neue *Phallus*-Kolonie. Aber auch mit ihren Tanzbeinen schleppen sie einige Sporen fort und verbreiten den Pilz damit in alle Welt.

Nützlicher Helfer

Sollte *Phallus impudicus* in Ihrem Garten auftauchen, heißen Sie den Pilz als nützlichen Helfer willkommen. Er ist ein Saprobiont, ernährt sich also von abgestorbenem, sich zersetzendem Pflanzenmaterial und erfüllt damit eine wichtige Rolle im Nährstoffkreislauf seines Ökosystems.

Aber auch bei der Zusammenarbeit mit nahen Bäumen über Mykorrhiza im Boden ist die Gemeine Stinkmorchel spitze. Bei dieser Symbiose profitieren beide Parteien. Die Mykorrhiza-Pilze versorgen ihre Wirte mit Nährstoffen, beeinflussen die Art und Weise, wie sie Nahrung und Wasser aufnehmen, und machen sie widerstandsfähiger gegen Krankheiten. Im Gegenzug unterstützt die Wirtspflanze Wachstum und Vermehrung der Pilze.

Immer der Nase nach

Sollten Sie zwischen Juni und November einmal Lust auf das Pilzesammeln bekommen, packen Sie Ihr Riechsalz mit in den Rucksack. Auf Ihrer Pirsch durch den Wald riechen Sie die Stinkmorchel vermutlich schon, bevor Sie sie sehen. Dank des Gestanks laufen Sie auch nicht Gefahr, sie mit der Speisemorchel zu verwechseln, die ihr sehr ähnlich sieht.

In Montenegro schmierte man die Pilze oftmals Bullen in den Nacken, damit sie bei Stierkämpfen mehr Power mit in die Arena brachten. Sie wurden zudem als Aphrodisiakum an Jungbullen verfüttert, aber auch vom Menschen selbst verzehrt (meine Güte!). Im viktorianischen England hingegen ließ man verschämt die Finger von dem Pilz, denn man befand ihn für *shocking*. So viel zum Verhältnis der Briten zur Erotik.

QUELLEN

Simon Barnes, *The Green Planet*, BBC Books, 2022.
Jonathan Drori, *Around the World in 80 Plants*, Laurence King, 2021.
Ambra Edwards, *The Plant-Hunter's Atlas*, Greenfinch, 2021.
Don Ellison, *Cultivated Plants of the World*, New Holland Publishers, 1999.
James Hoffmann, *The World Atlas of Coffee*, Mitchell Beazley, 2018.
Stefano Mancuso, *The Revolutionary Genius of Plants*, 2018.
Dan Saladino, *Eating to Extinction*, Jonathan Cape, 2021.

Australian National Botanic Gardens Centre for Australian National Biodiversity Research, www.anbg.gov.au
Beekenkamp Plants BV, www.beekenkamp.nl
Cambridge University Botanic Garden, www.botanic.cam.ac.uk
Carnivorous Plant Resource, www.carnivorousplantresource.com
The Eden Project, www.edenproject.com
First Nature, www.first-nature.com
Game and Wildlife Conservation Trust, www.gwct.org.uk
Hortus Botanicus, Leiden, www.hortusleiden.nl
In Defense of Plants, www.indefenseofplants.com
Internet Orchid Species Photo Encyclopedia, www.orchidspecies.com
The Invasive Species Compendium, www.cabi.org
National Park Service, www.nps.gov
The National Wildlife Federation, www.nwf.org
Natural History Museum, www.nhm.ac.uk
Niigata Botanical Garden, https://.botanical.greenery-niigata.or.jp
Orchids of Britain and Europe, www.orchidsofbritainandeurope.co.uk
Plants for a Future, www.pfaf.org
RHS Garden Wisley, www.rhs.org.uk/gardens/wisley
Royal Botanic Garden Edinburgh, www.rbge.org.uk
Royal Botanic Gardens Kew, www.kew.org; https://powo.science.kew.org
Toronto Botanical Garden, www.torontobotanicalgardens.ca
Useful Tropical Plants Database, https://tropical.theferns.info
The Wildlife Trusts, www.wildlifetrusts.org
Woodland Trust, www.woodlandtrust.org.uk
World of Flowering Plants, www.worldoffloweringplants.com

Schurkenpflanzen

Armstrong, W.P., "Unforgettable Acacias", *Zooznooz*, 1998. Aufgerufen über Palomar College, www.palomar.edu

BioNET-EAFRINET, Invasive Plants, www.lucidcentral.org/keys/v3/eafrinet/plants.htm

Candeias, M., "Going veg with *Nepenthes ampullaria*", In Defense of Plants blog, 2016.

Carroll, J., "What is a Sandbox tree: information about Sandbox tree exploding seeds", Gardening Know How, 2021.

Garden Fundamentals, www.gardenfundamentals.com

Gardenia, www.gardenia.net

Gardening with Angus, www.gardeningwithangus.com.au

Gilding, E.K. et al., "Neurotoxic peptides from the venom of the giant Australian stinging tree", *Science Advances*, 2020.

Hales, L., "Factsheet: Gympie-gympie", *Australian Geographic*, 2014.

"How one tree's venom inflicts months of agony", *Nature*, 2020.

Hurley, M., "'The worst kind of pain you can imagine' – what it's like to be stung by a stinging tree", The Conversation, 2018.

National Parks Flora & Fauna Web, www.nparks.gov.sg/florafaunaweb

Noushin Sharmili, S., "*Hura crepitans:* where nature produces 'explosives'", Plantlet, 2021.

Pillai, S., "The suicide plant causes such excruciating pain it gives its victims suicidal thoughts", Sccop Whoop, 2016.

Plant World Seeds, www.plant-world-seeds.com

Plantopedia, www.plantopedia.com

Salt, A., "*Aldrovanda vesiculosa,* the fly trap's endangered cousin", Botany One, 2018.

Wan Zakaria, W. et al., "RNA-seq analysis of *Nepenthes ampullaria*", *Front, Plant Sci*, 2016.

Doppelgänger

Bompas and Parr, www.bompasandparr.com

Byrd, D., "Brightest biological substance reveals its secret", Earth Sky, 2012.

Dyer, M.H., "*Aristolochia* pipevine plants: is growing Darth Vader flowers possible", Gardening Know How, 2021.

Dyer, M.H., "Flying Duck Orchid care – can you grow Flying duck orchid plants", Gardening Know How, 2021.

Gardens by the Bay, www.gardensbythebay.com.sg

The Garden of Eaden, www.gardenofeaden.blogspot.com

Grant, B.L., "Swaddled Babies Orchid: information about *Anguloa uniflora* care", Gardening Know How, 2021.

iNaturalist NZ, www.inaturalist.nz

The International Palm Society, www.palmtalk.org

Kuo, M., "*Xylaria polymorpha*", Mushroom Expert, 2019.

Raya Garden, www.rayagarden.com

Science and Plants for Schools, www.saps.org.uk

Strange Wonderful Things, www.strangewonderfulthings.com

Stromberg, J., "This African fruit produces the world's most intense natural color", *Smithsonian Magazine*, 2012.

Vignolini, S. et al., "Pointillist structural color in *Pollia* fruit", *PNAS*, 2012.

White, S., "*Aristolochia Salvadorensis*: The Darth Vader flower", Freaked blog, 2020.

Erfolgstypen

American Peanut Council, www.peanutsusa.com

Florida Fruit Geek, www.floridafruitgeek.com

Freitas, B.M. and Paxton, R.J., "The role of wind and insects in cashew (*Anacardium occidentale*) pollination in NE Brazil", *The Journal of Agricultural Science*, 2009.

Gerald Mason, E., "What is a Cashew Apple and what does it taste like?", Mashed, 2021.

Hammons, R.O. et al. "Peanuts: Genetics, Processing, and Utilization", AOCS Press, 2016.

Homegrounds, www.homegrounds.co/uk

Lausen-Higgins, J., "A taste for the exotic: pineapple cultivation in Britain", *Historic Gardens*, 2010.

Levins, H., "Social history of the pineapple", www.levins.com

Mongabay, www.mongabay.org

Superhelden

Adams, H., "*Wollfia globosa*: all about this super green supplement", *Clean Eating*, 2021.

Barras, C., "The secret of the world's largest seed revealed", *New Scientist*, 2015.

Bradford, A. and Dobrijeciv, D., "Corpse flower: facts about the smelly plant", Live Science, 2021.

The Gymnosperm Database, www.conifers.org

Kim, S.E., "Cultivating the world's largest stinkiest flower is no small task", *National Geographic*, 2021.

Korotkova, N. and Barthlott, W., "On the thermogenesis of the Titan arum (*Amorphophallus titanum*)", *Plant Signal Behaviour*, 2009.

Kurihara, K. and Beidler, L.M., "Taste-modifying protein from Miracle Fruit", *Science*, 1968.

Malaysian Species, www.malaysianspecies.weebly.com

NatureServe Explorer, https://.explorer.natureserve.org

Patowary, K., "Coco de mer: the forbidden fruit", Amusing Planet, 2017.

Plant Profiles in Chemical Ecology, www.sites.evergreen.edu/plantchemeco

Rafsanjani, A. et al., "Hydro-responsive curling of the Resurrection Plant *Selaginella lepidophylla*", *Scientific Reports*, 2015.

Sankey, S., "Miraculin: the miracle in Miracle Fruit", Botany One blog, 2019.

Sears, C., "How to grow Resurrection Plant (*Selaginella lepidophylla*)", The Spruce, 2022.

WebMD, www.webmd.com

The Wollemi Pine, www.wollemipine.com

Nicht jugendfrei

Bourebaba, L. et al., "Phytochemical composition of *Ecballium elaterium* extracts with antioxidant and anti-inflammatory activities: comparison among leaves, flowers and fruit extracts", *Arabian Journal of Chemistry*, 2020.

Feedipedia, www.feedipedia.org

Natural and Medicinal Herbs, www.naturalmedicinalherbs.net

New Forest National Park, www.newforestnpa.gov.uk

Oguis, G.K. et al., "Butterfly pea (*Clitoria ternatea*), a cyclotide-bearing plant with applications in agriculture and medicine", *Frontiers in Plant Science*, 2019.

South Africa National Biodiversity Institute, www.sanbi.org

Wisconsin Horticulture, https://hort.extension.wisc.edu

REGISTER

Fett gedruckte Seitenzahlen verweisen auf Bilder.

A

B

C

D

E

O

P

R

S

T

U

V

W

X

Z

DANK DES AUTORS

Dieses Buch ist allen gewidmet, die Pflanzen faszinierend finden, aber bisher von den vielen großen, schweren Büchern mit endlosen lateinischen Namen und unergründlichen botanischen Fachbegriffen abgeschreckt wurden. Wir brauchen nicht immer Botaniker, um andere für Pflanzen zu begeistern.

Ich fange mit einem dicken Dankeschön für DK an. Der Verlag hat meine Pflanzenverrücktheit mitgetragen und mir geholfen, daraus ein durchgeknalltes Spaßbuch zu machen. Ich danke Katie Cowan, Max Pedliham, Chris Young, Ruth O'Rourke, Louise Brigenshaw, Abi Read und Izzy Holton. Natürlich wäre dieses Buch ziemlich öde ohne die großartigen Illustrationen – daher geht ein gewaltiger Dank an Aaron Apsley und seine Zauberhand.

Da ich nur begrenzte botanische Erfahrung habe, bin ich Alastair Robinson und Marc Hachadourian zutiefst dankbar. Ich hatte sie als Schnellwahltaste auf meinem Telefon gespeichert, obwohl sie am anderen Ende des Planeten leben. Pflanzen werden Menschen immer zusammenbringen, wie wir zunehmend feststellen. Ein Dank geht auch an meine anderen Botanikfreunde. Es sind zu viele, um sie aufzuzählen, aber ich weiß euren Input und wie ihr mich auf vielfältige Art und Weise inspiriert habt sehr zu schätzen. Außerdem danke ich allen, die mir in den Jahren davor einen privilegierten Einblick in einige der besten botanischen Gärten der Welt von London bis Leiden gewährten und mich natürlich auch von Sarawak bis zu den Seychellen wilde Naturabenteuer haben erleben lassen.

Den allergrößten Dank aber verdienen meine inzwischen verstorbenen Großeltern, die in mir das Feuer im zarten Alter von fünf Jahren entfacht haben. Ein weiterer Dank geht an meine College-Freunde, die zugelassen haben, dass meine Leidenschaft erblühen durfte (nicht jedoch an die Mobber, die es verhindern wollten). Ein letztes Dankeschön reserviere ich für meinen Partner, der seit Langem unter meiner Passion leidet, und meinen Freunden, die ich im Lauf der Jahre mit allen möglichen Tricks zu botanischen Exkursionen verleitet habe.

Ich hoffe, Sie haben dieses Buch genossen, ganz gleich, ob Sie ein Pflanzennarr oder blutiger Anfänger oder etwas dazwischen sind.

DER AUTOR

Michael Perry aka **Mr. Plant Geek** ist einer der führenden Garten- und Pflanzenkenner unserer Zeit. Einst arbeitete er für das Saatgut- und Pflanzenunternehmen Thompson and Morgan, heute ist er ein gefragter Moderator, Autor und Rundfunksprecher. Er moderiert in Großbritannien diverse Pflanzen- und Gartensendungen auf ITV, Channel 4 und QVC und ist auch in den sozialen Medien eine Institution. 2020 bekam er die Auszeichnung Garden Media Guild Social Media Influencer of the Year und 2021 den Broadcast Award von GMC verliehen. Man kennt ihn in Europa, den USA, Japan und Kanada. Er reist ausgiebig, holt sich neue Anregungen und sieht dabei viele seiner Traumpflanzen in natura.

DER ILLUSTRATOR

Aaron Apsley ist ein botanischer Illustrator und lebt in Florida. Seine Kindheit verbrachte er mit dem Erkunden der Wälder im ländlichen Appalachia und entwickelte schon früh eine Leidenschaft für die Natur. Nach einem Studium der Malerei und Illustration ging er nach New York City, wo er begann, Zimmerpflanzen zu ziehen und zu malen, um im Großstadtdschungel den Bezug zur Natur nicht zu verlieren. 2015 begann er seine Illustrationen auf dem Instagram-Account @apsley_watercolor zu posten. Mit seinen Pflanzenporträts würdigt er die Schönheit und Vielfalt unserer Flora. 2019 zog er in das subtropische Klima von Südflorida, wodurch sich für ihn eine völlig neue inspirierende Pflanzenwelt auftat. Mehrere seiner Aquarelle in diesem Buch basieren auf Pflanzen, die er in seinem eigenen Garten kultiviert. Wenn er nicht malt, kümmert sich Aaron um seine Sammlung tropischer Pflanzen, reist zu Parks und botanischen Gärten und tauscht sich mit Menschen aus, die seine Begeisterung für Botanik teilen.

DK London

Lektorat
Katie Cowan, Ruth O'Rourke, Izzy Holton,
Charlotte Beauchamp

Gestaltung und Bildredaktion
Maxine Pedliham, Marianne Markham,
Louise Brigenshaw, Abi Read

Fachberatung Chris Young

Umschlaggestaltung
Jasmin Lennie, Abi Read

Herstellung
Luca Bazzoli, David Almond, Heather Blagden

Kartografie Mohammad Hassan

Illustrationen Aaron Apsley

Für die deutsche Ausgabe:
Verlagsleitung Monika Schlitzer
Programmleitung Heike Faßbender
Redaktionsleitung Dr. Kerstin Schlieker
Projektbetreuung Manuela Stern
Herstellungsleitung Dorothee Whittaker
Herstellungskoordination Claudia Rode
Herstellung Stefanie Staat

Titel der englischen Originalausgabe:
Hortus Curious

Übersetzung Reinhard Ferstl
Lektorat Corina Steffl

ISBN 978-3-8310-4740-6

Druck und Bindung TBB, a.s., Slowakei

MIX
Papier | Fördert gute Waldnutzung
FSC® C018179

www.dk-verlag.de

Hinweis
Die Informationen und Ratschläge in diesem Buch sind vom Autor und vom Verlag sorgfältig erwogen und geprüft, dennoch kann eine Garantie nicht übernommen werden. Eine Haftung des Autors bzw. des Verlags und seiner Beauftragten für Personen-, Sach- und Vermögensschäden ist ausgeschlossen.

Dank des Verlags

DK dankt Frankie Piscitelli für das Korrektorat, Lisa Footitt für das Register, Charlotte Beauchamp und Lucy Sienkowska für ihre redaktionelle Unterstützung und Mohammad Hassan sowie Suresh Kumar für die Erstellung des Kartenmaterials.

Achtung

Viele der in diesem Buch beschriebenen Pflanzen sind gefährlich, besonders für Kinder und Haustiere, und können schwere Gesundheitsschäden hervorrufen. Die enthaltenen Beschreibungen sind rein informativer Natur und kein Ersatz für professionelle Beratung im Hinblick auf spezifische Umstände und Standorte.

NOCH MEHR SPASS UND LESEFREUDE

ISBN 978-3-8310-4781-9

ISBN 978-3-8310-3723-0

ISBN 978-3-8310-4541-9

ISBN 978-3-8310-3783-4